……書？那個也是書？

……書，包括各種形狀、大小與內容。
……人類製作了各式各樣的書籍。

比人還大的書

影像來源／Shutterstock

豪華裝幀本

影像來源／Victoria and Albert Museum via Wikimedia Commons

這本書的裝幀採用象牙、寶石、水晶等裝飾，看起來十分的豪華。在西方文化中，人們會對重要書籍施以華麗裝飾。

磚頭書

影像來源／Dejan Krsmanovic via Wikimedia Commons

全世界最小的印刷書

日本凸版印刷製作的全世界最小書籍《四季花草》，大小只有 0.75mm 見方（上方是縫衣針的一部分）。

影像來源／日本印刷博物館

預備給一百年後的書

這本精心製作的《一百年哆啦A夢》可以保存很久，讓一百年後二十二世紀的人們也能閱讀。採用布製硬殼封面，書的側邊刷金的壓金口加工可以保護書頁。

從古到今 五千年書籍之旅

在目前閱讀的書籍形式誕生之前，這個世界上應該沒有書吧？
不，事實上，五千年前「書籍祖先」就已經存在了。

無紙的時代

遠古時代的人類將字寫在黏土或木頭上，這就是書籍的祖先。

影像來源／美國大都會藝術博物館

影像來源／美國大都會藝術博物館

莎草紙

莎草紙是用植物的莖做成的薄紙，可以捲起來使用。

泥板、石板

西元前3500年左右，人類在泥板上刻字。

影像來源／氏子
via Wikemedia Commons

木　骨

中國主要在木板或竹簡上寫字，占卜時也會使用刻著文字的骨頭。

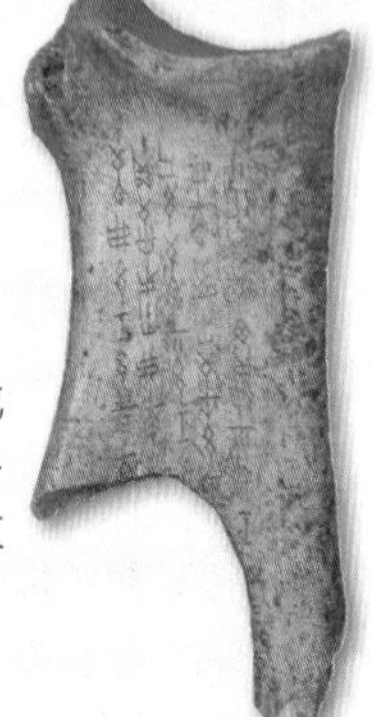

影像來源／美國大都會藝術博物館

影像來源／美國大都會藝術博物館

羊皮紙

歐洲人將羊皮鞣薄，當成紙使用。

紙誕生的時代

西元一〇五年，中國出現了和現代一樣的紙。

簡冊　卷軸

將紙捲起來或裝幀在一起，製成「卷軸」和「簡冊」。

影像來源／日本印刷博物館

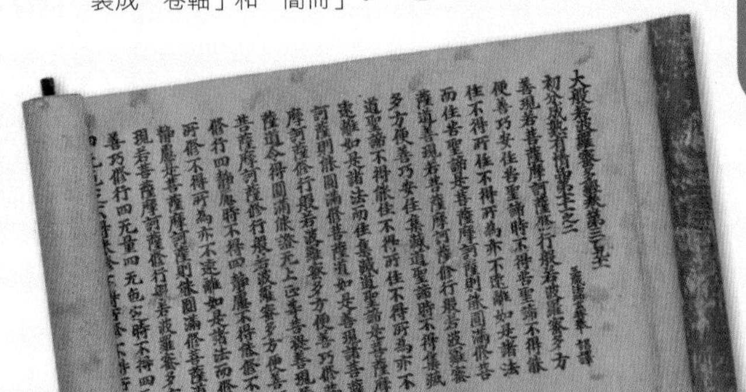

印刷的時代

像印章一樣將文字蓋在紙上，就能做出大量書籍。

《百萬塔陀羅尼》是現存最古老的印刷品。

影像來源／日本印刷博物館

世界最古老的印刷品

用木雕印刷

誕生於中國的木板印刷也在日本發揚光大。使用多色印墨和印版，印製出彩色書籍。

影像來源／日本印刷博物館

影像來源／日本印刷博物館

影像來源／日本印刷博物館

影像來源／日本印刷博物館

▲金屬活字

◀ 活字印刷機

▶《古騰堡聖經》

排列文字並壓印的活字印刷術

1450 年左右，歐洲發明了「活字印刷」。出版速度比手寫書快了好幾倍。

印刷發展的時代

大量印刷成為日常的時代。

影像來源／日本印刷博物館

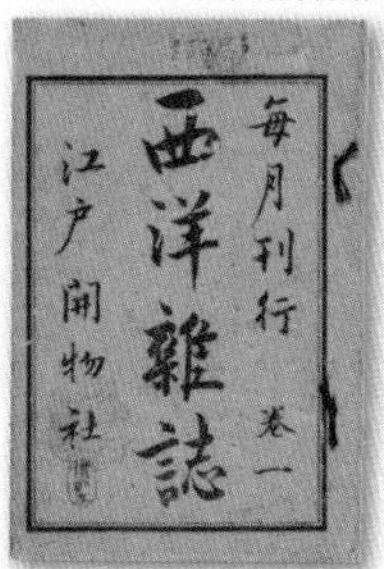

雜誌的誕生

在日本，定期出版的「雜誌」，開始於江戶時代晚期。

創刊！

《快樂快樂月刊》、《Ciao》創刊於 1977 年。

電子書也登場

如今已經是可以用手機看漫畫的時代。

彩色印刷的機制

彩色照片基本上是用 CMYK 這四個顏色的印墨印成的。

照片與圖片是由無數墨點組合而成

放大印刷的照片與圖片，就會發現許多紅色與青色墨點。墨點重疊在一起就能形成照片與圖片。

將四個顏色加在一起變成彩色

C（青色）

M（洋紅色）

Y（黃色）

K（黑色）

照片和插圖是拆解成青色、洋紅色、黃色與黑色四個色版，印製而成。

影像來源／ Shunki/PIXTA

進化的圖書館

圖書館是一個讓一般大眾能夠接觸大量書籍的地方，民眾不只能借書，還能增加地方交流的空間。此外，日本的國立國會圖書館致力於古典書籍的數位化，讓更多人能夠閱覽古書。

▲石川縣立圖書館善用立體空間擺放藏書，營造與書相遇的氛圍。

▶日本國立國會圖書館的「電子展示會」。以近似參觀展覽的方式閱覽數位資料。

https://www.ndl.go.jp/jp/d_exhibitions/

知識大探索

KNOWLEDGE WORLD

書的誕生大百科

哆啦A夢知識大探索 書的誕生大百科

目錄

刊頭彩頁

這個是書？那個也是書？
從古到今　五千年書籍之旅
彩色印刷的機制／進化的圖書館

關於這本書

漫畫 人類書皮……5

第1章 書的歷史① 記錄

漫畫 十誡石板……14
如何將自己想說的話流傳下來？……22

第6章 做一本書的過程① 企劃製作

漫畫 幸福的人魚公主……98
思考想做什麼樣的書……105

第7章 做一本書的過程② 版面編排、設計

漫畫 漫畫家胖妹老師……112
配合內容與讀者，設計出適合頁面……124
讓書籍更容易閱讀的製作巧思……126

第8章 做一本書的過程③ 印刷、製書

漫畫 先睹為快……129
經過印刷、摺疊、裁切等作業
做出一本書……140

第2章 書的歷史② 保存
漫畫 野比左衛門的寶藏……26
尋找可長期保存又好用的記錄方法……40
摺疊製成的「書籍」誕生！……44

第3章 書的歷史③ 印刷技術
漫畫 報社模擬遊戲組合……46
從「抄寫」到「印刷」……56
邁向大量印刷、大量出版的道路……60

第4章 書的歷史④ 書成為眾人所有的物品
漫畫 報應藥水……62
看書成為大眾娛樂……70
太平的江戶時代是出版天堂！……72
結合娛樂的「雜誌」……74

第5章 從繪製原稿到完成漫畫
漫畫 危險！假面獅人……77
從《哆啦A夢》學習常見的漫畫畫法……90

第9章 如何將書交到讀者手上
漫畫 惡魔護照……148
書籍窗口——書店的工作……158
傳播文化的幕後推手——圖書館……162

第10章 書與人類的未來
漫畫 百年後的附錄……166
漫畫 宇宙完全大百科……175
數位改變了「書籍」形式……185
作者的權利和著作權……188
書籍串聯我們的未來……190

※本書重複刊載《哆啦A夢科學任意門》與《哆啦A夢知識大探索》（包括特集）的作品。
※未特別載明的數據資料，皆為2022年10月的資訊。

引自《人類書皮》

影像來源／maxx-studio/PIXTA

關於這本書

購買本書的你，最近讀了什麼書呢？

近年來已進入「文字脫離」的時代，大家都說看書的人越來越少。受到電視、遊戲、智慧型手機等各種娛樂蓬勃發展的影響，書籍已不再受到人們青睞。事實真是如此嗎？

事實上，閱讀人口並未大幅減少。數據顯示，比起三十年前，現在的國小生與國中生閱讀的數量相比於過去，超過兩倍※。簡單來說，各位讀的書比各位的爸爸媽媽小時候還多。儘管現代社會有許多休閒娛樂，書籍依舊充滿獨特魅力。

閱讀本書可以享受哆啦A夢漫畫，同時還能學習到書與人類的歷史，以及書籍製作的相關知識。

紙本書誕生至今，已經大約有兩千年的歷史。如果將紙張誕生之前的「記錄」也視為「書籍」，則已經超過五千年。書陪伴著人類，從過去走到了現在，就讓我們回顧歷史，一起思考未來書的可能性。

※「5月平均閱讀書籍本數」：小學四至六年級平均從一九九一年的五．八本增加至二〇二一年十二．七本。國中生從一九九一年的一．九本增加至二零二一年五．三本。
【調查機構：日本全國學校圖書館協議會、每日新聞社】

人類書皮

你們之中好像有人只看漫畫。
真是令人失望。

你們要多接觸文章。
童話、小說或是偉人的傳記。

也就是叫人家看都是字的書，還要寫感想……
太不講道理了嘛！
明明是好事啊。

可是你……
有那種都是字的書嗎？

紅髮安妮
蒙哥馬利 著
安岡美榮子 譯
所以我才去跟靜香借啊。

可是，我光是拿在手上心情就變差……

翻個幾頁就會頭痛。

看個兩、三行……
就開始頭暈目眩。

Q 中文的「本」是什麼意思？ ①文庫本 ②本人 ③筆記本

A 筆記本。「本」在中文指的是小冊子和筆記本。若指的是書籍，通常會稱為「書」。

※喀啪

書的誕生大百科Q&A

Q 《銀河鐵道之夜》的喬凡尼從事哪種與書有關的工作？①圖書館管理員 ②撿字員 ③抄紙工人

※咿咿啊啊、嗯嗯喀喀

A ②撿字員。裡面有一段描寫「開始撿起一粒粒像米粒般的鉛字」的劇情（關於「鉛字」請參照第六十一頁）。

Q 《十五少年漂流記》的作者還寫了哪本書？①《海底兩萬里》②《我們這一班》③《三劍客》

不要、不要！我不要。

好有趣喔。

說好的。
沒辦法。

巨浪席捲而來，帆船彷彿就要被撕裂。少年們拚命的抓著舵……
為什麼只有小孩子乘坐啊？
繼續聽就會知道了。

經過兩個星期的暴風雨襲擊，獵犬號上的船帆與小艇都被海浪捲走。

好不容易東方的天空開始亮了，看得見陸地。船隨著風勢，朝小島前進。

此時一聲巨響，有人大喊「船撞上暗礁了」。

災難一個接一個啊……

A ①《海底兩萬里》。作者是小說家儒勒・凡爾納，被譽為科幻冒險小說之父。

※咻

※嗚嗚、抖、抖

書的誕生大百科Q&A

Q 在日本，被選為寫讀後心得圖書的貼紙上，寫著哪位神祇的名字？①潘恩 ②范恩 ③伊恩

偶爾也要讓人家上廁所。

兩頭大熊作勢要襲擊傑克!!
然後呢?

七個壞人……拿著槍……
不行了，沒聲音了。

我想知道結局。
書借我。

不可以熬夜喔!

沒關係，難得他體會到閱讀的樂趣。

A ①潘恩。潘恩是希臘神話的神，手中拿著笛子。由於個性開朗且充滿智慧，因此成為日本讀後心得圖書貼紙的主題。

十誡石板

大雄，
又是你吧！
每次用完廁所
都不把門關好！
電話講完
話筒也
不掛好！
東西用完
就隨地
亂丟!!
怎麼講
都講不聽
……
只好
這麼
做了!!
脫下鞋子後
要放好排整齊
這是
什麼
啊？

Q 摩西在哪個地方從神的手中拿到刻著十誡的石板？①西奈山 ②東奈山 ③北奈山

A ①西奈山。根據舊約聖經記載，神在西奈山將石板拿給摩西。不過，至今仍未能證實正確的地點。

書的誕生大百科Q&A
Q 巴比倫尼亞的地圖將海寫成下列哪個詞語？①鹽湖 ②苦河 ③母池

給我站住!!
果然來了。

你昨天竟敢……
嗯，嗯。
笑得那麼詭異，很噁心耶！

看我修理你!!

※啪吡、嘎啦嘎啦

A 苦河。可能因為當時的人們覺得海水很苦，才如此命名。此外，當時認為地球不是球體，而是有盡頭的圓盤。

書的誕生大百科Q&A

Q 古埃及的聖書體該從哪邊開始閱讀？①由右至左 ②由左至右 ③從哪邊都可以

A ③從哪邊都可以。原則上由右至左閱讀，但如果遇到鳥或人等圖形文字，其頭部指的方向就是文字閱讀方向。

第1章 書的歷史① 記錄

如何將自己想說的話流傳下來？

書是從什麼時候出現的呢？如果說書是人們利用各種形式，將自己想說的話流傳給後代的媒介，書從遠古時代就已經存在。

好幾萬年以前，人們已經想將自己的想法流傳下來

即使是在沒有文字的時代，人類還是可以學習知識。原因很簡單，因為有人將自己想說的話記錄下來，流傳給後世。法國的拉斯科洞窟留下了大約兩萬年前石器時代繪製的壁畫。專家認為拉斯科洞窟壁畫是當時人們教導年輕人狩獵的教材，也運用在宗教儀式上。無論動機如何，洞窟裡的居民心中和現代人一樣，想將自己的內心話傳給下一代，想留下自己的知識結晶，才會繪製壁畫。

▲洞窟壁畫繪製許多動物（包括鹿）。

影像來源／Judy/PIXTA

最初的「書」其實是人？

在沒有文字的時代，人們除了畫圖之外，也會利用語言來傳承或記錄自己想說的話。透過語言傳承的方法稱為「口述」。舉例來說，四千多年前闡述國王故事的《吉爾伽美什史詩》，就是從無文字時代，靠口述流傳下來。

此外，西元前八世紀左右，古希臘詩人荷馬創作的英雄史詩《奧德賽》，就是由吟遊詩人譜曲，吟

▶古希臘的吟遊詩人利用樂曲，透過歌詞說故事。

唱史詩代代相傳。最後才寫成文字，流傳至今日。

日本也有知名的口述達人。相傳七世紀後半（飛鳥時代）的稗田阿禮具有絕佳記憶力，聽過的話絕對不會忘記，一字一句都能正確記住。當時治理國家的天武天皇要求稗田阿禮背誦天皇家和各地流傳的所有記錄，日本最古老的歷史書《古事記》就是將阿禮的口述統整成文字的書籍。

事實上，直到現在仍然有靠口述傳承歷史的民族。北海道的愛奴族就是沒有文字的民族，即使後來與有文字的民族接觸，愛奴族還是堅持以口述方式傳承重要歷史。無論有沒有文字，「人就是書」的文化直到今日依舊存在。

「口述」就像吟唱

包括愛奴族的「英雄敘事詩」在內，許多口述歷史都會搭配節奏或旋律，以吟唱方式傳遞出去。這是因為加上節奏音律之後，再長的故事也容易記住，才會想出這樣的方式表現。

「文字」讓記憶成形，深植腦海

口述有其缺點，口述內容在代代相傳的過程中可能會慢慢的被改變，如果在傳承給下一代之前，這一代記住的人就逝世，過去的歷史就會完全消失。相對的，刻在石頭或木頭上的畫、印記等，可以流傳給下一代，隨時想看都可以。久而久之便衍生出「文字」。

●將畫化為文字的「象形文字」

拉斯科洞窟的壁畫一看就知道有馬有牛，不過，畫畫要花很多時間。於是人們開始想出簡化圖畫、只留外型，可以快速且順利繪製的象形文字，這就是文字的起源。來自中國的日本漢字，就是起源於象形文字。

木　山　川　手　目

◀漢字是將象形文字簡化後，形成現在的模樣。

●表示意義的「表意文字」

表意文字不只如象形文字表現物體形狀，還能表示動作與情緒。西元前三千年，美索不達米亞文明使用的楔形文字，也是表意文字的一種。據說包括特殊數字在內，共有兩千種文字。由於需要記憶的字太多，形狀也複雜，因此只有極少部分的人使用。

影像來源／日本印刷博物館

1	3	7	10	21

水	乳
給予	側面

▲西元前 2500 年左右的泥板，以及楔形文字的數字與表意文字。

●表示聲音的「表音文字」

與表意文字相對的是表音文字，日文的平假名和英文字母也是其中之一。文字本身沒有意義，只表示發聲時的「音」。與表意文字相較，需要記住的字數較少。

◀英文字母「A」的演變過程

原始西奈字母 → 腓尼基字母 → 初期希臘字 → 希臘字、羅馬字

平假名只有五十個字左右，英文字母只有二十六個。不僅如此，只要照發出的音撰寫或朗讀即可。如今幾乎所有國家都有表音文字。話說回來，表音文字是由象形文字演變而來。舉例來說，英文字母的A來自表示公牛的象形文字。字形隨著時間越來越簡化，後來變成了A，在希臘文中唸作「Alpha」。

日本《古事記》記載奈良時代開始使用「萬葉假名」，以一個漢字代表一個音。萬葉假名的讀音與漢字意義無關，且套用日文發音。後來萬葉假名的漢字字形逐漸簡化後，衍生出平假名和片假名。

安	加	左
あ	か	さ

▲從漢字演變成平假名

會寫字的人地位崇高

人類在底格里斯河與幼發拉底河流域，也就是美索不達米亞地區發現誕生於西元前四千到三千年左右的文字，這是歷史最悠久的文字。該地盛行農耕與畜牧，考古學家還挖出記錄著麥作生產量、以物易物等生活樣貌的泥板。最初是圖形，後來開始簡化以方便書寫，到了西元前三千年左右變成直線符號，刊登於右頁的知名「楔形文字」就是在此情況下產生的。

另一方面，埃及使用的聖書體看起來像是圖形，其實也是可以表示口語讀音的表音文字。《死者之書》就是以聖書體撰寫的知名作品。

古埃及人相信法老逝世後會前往冥界接受審判，再次復活。因此，他們會在墓中放一本《死者之書》，裡面記載法老必須復活的要求，並詳記法老生前的豐功偉業，讓冥界的神了解。

古代中國使用的甲骨文成為日後的漢字起源。古人將尋求神明指示的占卜結果刻在龜甲或動物骨頭上，形成甲骨文。

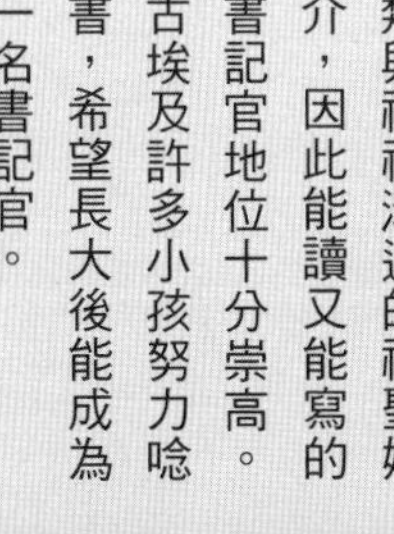

在古代，文字是人類與神祇溝通的神聖媒介，因此能讀又能寫的書記官地位十分崇高。古埃及許多小孩努力唸書，希望長大後能成為一名書記官。

▲《死者之書》的一部分。當時人們認為死者的靈魂脫離肉體後，仍能閱讀文字。世界最長的《死者之書》是一部大長篇作品，全長達37m。

影像來源／美國大都會藝術博物館

▶西元前 1300 年左右製成的皇室書記官雕像。書記官是當時的社會菁英，這尊雕像的原型霍朗赫布後來成為法老。

影像來源／美國大都會藝術博物館

的寶藏
首先……
從八角金盤樹開始往東走十步。
？
七步、
八步、
九步、

野比左衛門

這裡應該有寶藏。
什麼！

寶、寶……
寶藏!?
用不著這麼興奮吧。

找到了。
喔！總算找到了。

如何？這樣找壓歲錢，是不是很驚險刺激啊？
還好啦！

費了這麼大的功夫，錢才一點點。
好想來一次真正的尋寶喔。

不是常聽說有祖先把金幣給埋起來的嗎？

然後再畫下藏寶圖……
沒錯。

像這種舊文獻……
我們家應該不會有吧！
有喔！

書的誕生大百科Q&A

Q 古希臘的人們將陶器碎片拿來做什麼？①投票 ②習字 ③製書

A ①與②。尖銳的碎片可以寫字，通常拿來投票或讓小孩練習寫字。

藏的地方位於……
嗯、嗯。

下半部都被撕破，沒了。
カクン
※碰咚

有等於沒有嘛。
如果知道地方的話……
早就挖起來了。

我就知道不可能有這麼好的事。

那些財寶一定還藏在某個地方吧。
如果知道地點就好了。

對了！

用「時光機」！

書的誕生大百科Q&A

Q 啃食舊書的書蟲又稱為什麼？①紙虫 ②衣魚 ③紙魚

我們回到文政九年的元旦……
看看寶物藏在哪裡就行了。

我們走！

※嗡～

那個叫野比左衛門的人住哪啊？
依照現在的地圖來看，應該是在這邊。

到了！
チーン

ボチャ

※噗通

A ② 衣魚。「衣魚」除了吃紙，也會吃衣服，由於體型和動作很像魚，因此得名。

※溼答答

到河裡去洗乾淨啦！

書的誕生大百科Q&A

Q 以下哪位日本武將與用來綁住卷軸的繩子有關？①真田幸村 ②德川家康 ③石田三成

A ①真田幸村。他父親昌幸以特有的編織繩纏繞刀柄，稱為「真田紐」，由於十分耐用，也應用於卷軸、和服和茶道道具。

咦？你不是說有事嗎？
待會再辦！

他看起來跟金幣沒什麼緣分啊。
不能以貌取人啦。
爹！你幫我埋好了嗎？
噓！給別人看到就糟了。

你們難得來呢！哈哈哈！
是啊，哈哈！

……
……

書的誕生大百科Q&A

Q 書的拉丁文是liber，這個詞彙原本指的是什麼？①石頭 ②樹的內皮 ③莎草紙

※起身

A ②樹的內皮。由於樹的內皮又軟又白，自古就拿來寫字。

書的誕生大百科Q&A

Q 書的希臘文是biblion，這個詞彙的語源是什麼？①石頭 ②樹的內皮 ③莎草紙

A ③莎草紙。聖經（bible）的語源也是biblos（莎草紙）。

書的誕生大百科Q&A

Q 被指定為聯合國教科文組織無形文化遺產的日本和紙為何？①美濃和紙 ②石州半紙 ③細川紙

A ①②③全部。以日本產「小構樹」為原料的手抄和紙很白，無須使用漂白水，還可以防水，是高品質一級品。

尋找可長期保存又好用的記錄方法

現代書籍大多是由一疊紙裝幀而成，但很久很久以前並沒有「紙」。以前的人在各種物體記載事物，流傳至後世。

可長期保存的「黏土」與「石頭」讓記錄流傳數千年

在「紙」尚未出現的遠古時代，人們利用身邊物體留下記錄。

舉例來說，在使用楔形文字的最古老文明之一，美索不達米亞地區，人們使用大河邊可輕易取得的黏土製成「泥板」，以植物莖部當筆刻上文字。基於黏土特性，寫錯字只要刮除就能重新書寫。

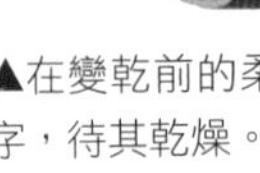

影像來源／美國大都會藝術博物館

▲在變乾前的柔軟黏土上刻字，待其乾燥。

不過，黏土一旦乾掉就無法改寫。不僅如此，泥板經燒製後會變得更堅固，可以長期保存，是其優點所在。

此外，世界各地都能夠見到在石頭或岩塊刻字的「石碑」。在石材上刻字很費事，但好處是十分堅固。例如十八世紀末拿破崙率領法國軍團遠征埃及，發現一塊於西元前一九六年製作的「羅塞塔石碑」，上面刻有古埃及象形文字聖書體。在幾千年後的現代，這些石板和泥板上的文字依舊清晰可見，適合長期保存。

輕盈又不占空間的「莎草紙」

石板和泥板雖然很適合長期的保存，但有一個大缺點，那就是又重又占空間。不僅不方便攜帶，如果數量

▲莎草紙有表裡兩面，文字只會寫在易於書寫的表面上。

影像來源／日本印刷博物館

太多，還必須找地方保存。西元前三千年，埃及人發明了「莎草紙（papyrus）」。

莎草紙是由大量生長於埃及尼羅河畔的紙莎草莖部製成，質地輕薄，只要有筆和墨水就能在上面寫字。這項特質和紙很像。事實上，紙的英文（paper）語源就是papyrus。不過，莎草紙和現代的紙不同，無法摺疊也無法彎曲，保管時必須捲起來。莎草紙十分好用，不只是埃及，希臘和羅馬也廣泛使用，數千年來普及於許多地區。

小知識

莎草紙的製作方法

首先是削除紙莎草的外皮，然後將莖部直切成薄片。接著浸泡在水裡，以滾筒壓平。等紙莎草的莖部薄片壓平後，縱橫交錯擺放，再用滾筒壓平。最後壓上重物，待其乾燥即完成。

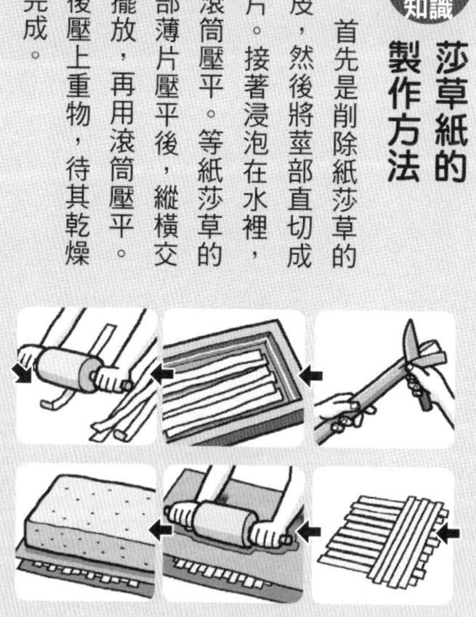

「羊皮紙」是經過改良的莎草紙替代品

埃及的亞歷山卓城興建了一座很大的圖書館，收藏許多由莎草紙製成的卷軸。據傳數量多達數十萬卷，十分的驚人。

西元前二世紀，鄰近愛琴海的帕加馬城（阿塔羅斯王朝）也為了普及學問，興建新的圖書館。為了達到目的，必須擁有大量莎草紙，但當時的埃及已經禁止莎草紙出口。

無奈之下，帕加馬城決定製造莎草紙的替代品。他們將綿羊或山羊的皮拉薄，漂白後製成「羊皮紙」。羊皮紙的製作過程繁複，價格昂貴，質地堅固順滑，容易書寫，也能摺疊裝幀，因此在西方國家很受歡迎。有很長一段時間，羊皮紙是製作書籍的主要材料。

▲薄薄的羊皮紙表裡兩面皆可寫字，適合做成書籍。

影像來源／美國大都會藝術博物館

古代中國使用「木簡」與「竹簡」

古代中國將文字刻在動物骨頭和龜甲上，西元前十世紀左右，中國人將木片和竹片切成細長形的「木簡」與「竹簡」，用於留下文字記錄。樹木和竹子大量生長於東南亞，方便出口至中國，使得「木簡」與「竹簡」在中國廣泛使用。這一點與泥板盛行於美索不達米亞的原因類似。

此外，用繩子串連木片與竹片，就能捲起來做成卷軸，節省空間且方便保管。「木簡」與「竹簡」真的很好用。

▲木簡、竹簡在日本的用途也很廣泛，做成書籍、筆記本、行李牌、塗鴉板等。

影像來源／氏子 via Wikimedia Commons

可摺疊可彎曲，史上最實用記錄載體——「紙」的誕生過程

木簡和竹簡雖然方便取得，加工方式也很簡單，但缺點就是又重又占空間。於是人們開始思考有沒有更方便的替代品，最後發明了「紙」。

將植物纖維弄碎溶於水，再用網子撈起風乾，最後的成品就是紙。紙是在西元前二世紀發明的，但當時的原料是麻，使得紙質很硬，用起來並不方便。後來到了西元二世紀，蔡倫在麻的碎屑混入樹皮和布碎，製造出改良品。改良後的紙輕盈耐用，可捲可摺，可用墨水和筆輕鬆書寫。不僅如此，還能剪裁黏貼，方便加工。於是，史上最實用的記錄載體「紙」，就在此情況下正式誕生，且一直使用至現代。

▲抄紙後，連同木框風乾。蔡倫的造紙術和現代相同。

紙張經由歐亞大陸慢慢普及於全世界

蔡倫的造紙術發明於西元一〇五年，但是在很久以後，才普及於全世界。就連普及於全中國，也是在兩百到三百年後。後來，造紙術經由串聯中國與歐洲的絲路，以陸路傳播方式慢慢傳入廣大的歐亞大陸。造紙術先從中亞傳入中東的阿拉伯國家，對於伊斯蘭文化的發展做出極大貢獻。十二世紀左右，造紙術又透過伊斯蘭諸國傳入西方國家。

然而，當時的西方國家早已普及羊皮紙，因此在很長一段時間之後，「紙」才開始廣泛應用。十五世紀後，紙成為歐洲國家最常用的記錄載體。印刷機也正好在這段時間發明，需要大量紙張印刷。由於羊皮紙不適合大量生產，使得製作方式相對簡單的紙在西方國家迅速普及。

另一方面，日本早在西元六至七世紀之間，傳入蔡倫的造紙術。日本根據蔡倫的造紙技術，改用纖維較長的「小構樹」，製作出日本原創的「和紙」。

造紙術的傳播路徑

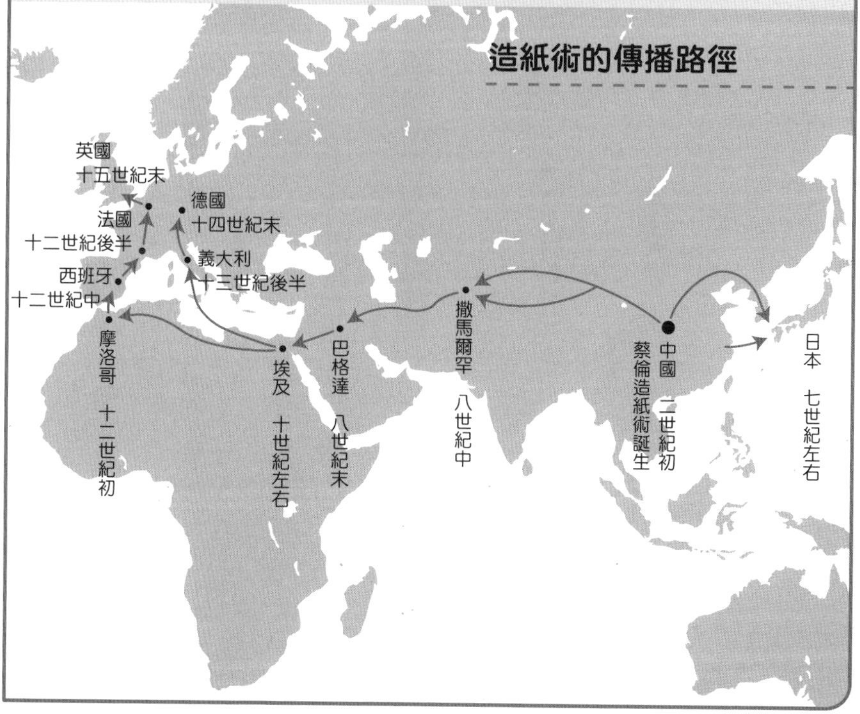

摺疊製成的「書籍」誕生！

從卷軸到小冊子 書籍形體持續變化

人類自古利用過各種物體作為記錄載體，包括石頭、岩塊、骨頭、木頭、樹皮、竹子、黏土、皮革、布料、金屬……等。這些物體各有不同形狀，直到紙張普及之後，才出現了「書」的形體。

「卷軸」是從木簡和竹簡演變出的形體。只要不斷連接木片或是竹片，就能使卷軸變長。在人類發明了紙之後，卷軸仍持續使用了一段很長的時間。不過，卷軸越長就越難閱讀，讀完後還必須捲回來恢復原狀，過程有些麻煩。

後來人們想到另一種方式，將黏接起來的長紙折成風琴狀，做成經摺本。經摺本的體積比卷軸小，閱讀時可以輕鬆展開。缺點是摺痕處容易破裂，看越多次越容易破損。

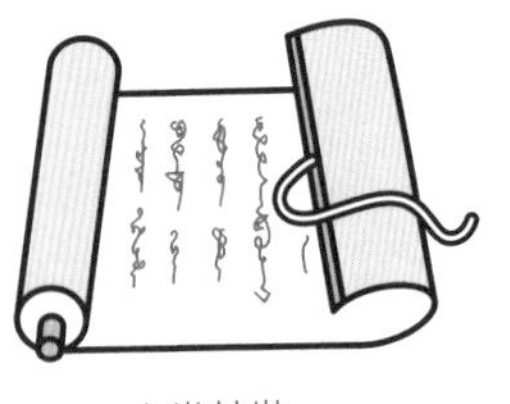

▲卷軸裝

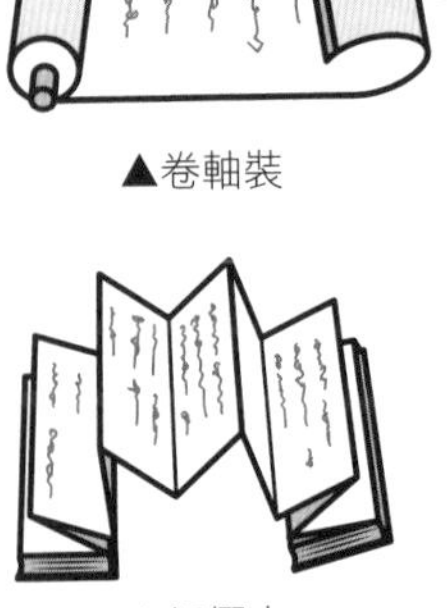

▲經摺本

經過各種改良後，人們想出「簡冊」的書籍型態。將多張紙疊在一起再對摺，用線或糨糊（膠水）將一邊固定起來，另一邊割開後，即完成可以翻閱的冊子。若是再將幾本簡冊固

▲簡冊（黏葉裝）

小知識

書籍量詞的語源

日本人在數有幾本書時，通常使用的量詞是「一冊、兩冊」。漢字的「冊」起源於木簡和竹簡的形狀。另一方面，「一卷、兩卷」則是用來數卷軸的量詞。

定，就成了最接近現代書籍的裝幀方式。

西洋書籍 善用羊皮紙的特性

另一方面，即使是莎草紙與羊皮紙普及的西方國家，書籍形體也是從「卷子」（卷軸），直到四世紀才轉變成使用羊皮紙的「冊子」。

羊皮紙很難加長，不適合做成卷軸，卻能摺疊。因此人們想出將羊皮紙對摺好幾次，裁掉四周，用線縫住中間的裝幀法，稱為「古抄本」。以羊皮紙製成的古抄本最後成為學術書籍與基督教聖經的標準樣式。

當環境溼度太高，羊皮紙會扭曲變形，這是以羊皮紙製書的缺點。不過，人們想出在做成冊子後，用厚重木板夾住羊皮紙的解決對策。以厚重堅固的木板前後夾住書頁的型態，成為現今硬皮精裝書的原點。

▲卷子

▲古抄本

比起一定要用雙手打開才能閱讀的卷子，冊子形體的古抄本方便拿取，也容易保管。不僅如此，書頁雙面都能寫字，一本冊子可以收錄好幾卷卷子的內容，還能謄寫現有卷子的內容。不過，如果要將不同卷子的內容彙整在同一本古抄本中，就必須做一些標記，讓讀者知道哪個範圍講述的是相同主題的內容。這就是書籍中有「書名頁」、「章節」，以及「目錄」的由來。冊子的形體出現之後，才衍生出現在的「書籍共通原則」。

但是，製作羊皮紙書籍需要大量的動物皮，書寫也要花費許多時間。由於書十分昂貴，因此十二到十七世紀，修道院、大學等隸屬教會的圖書館，會將書鎖在桌子上，防止讀者攜帶出去。

影像來源／日本印刷博物館

▲上鎖的 16 世紀書籍，封面是厚木板。

報社模擬遊戲組合

コロコロ

※滾、滾

ヒョイ

※躲開

為什麼你沒有跌倒？

我有看到啊。

你快點給我跌倒!!

哪、哪有人這樣的！

書的誕生大百科Q&A

Q 英文的「印刷」語源和下列哪一個詞相同？①雜誌 ②報導 ③快遞

A ②報導。這兩個詞的英文都是「press」。印刷的原理是將刷有油墨的印版用力按壓在紙上，因此取名為「press」。

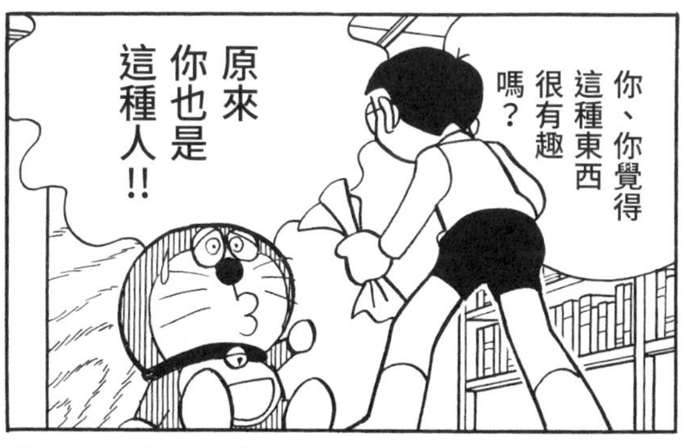

※咻～嗶嗶

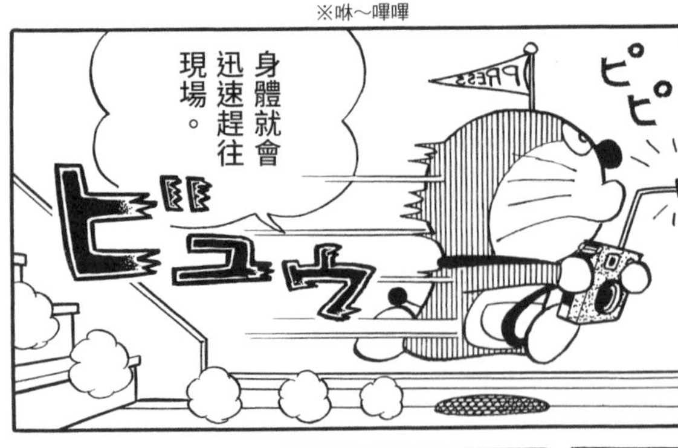

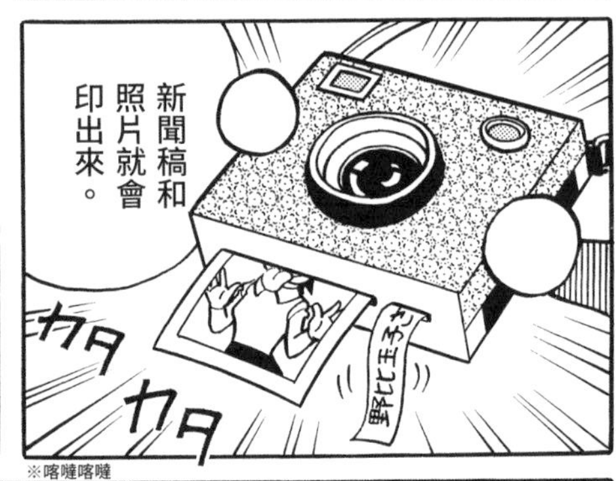

※喀噠喀噠

書的誕生大百科Q&A

Q 書從卷子演進成冊子時，產生了以下哪個慣例？①章節 ②目錄 ③西洋單字與單字間空一格。

A ①②③以上皆是。冊子的出現對於基督教的傳教工作貢獻良多，在聖經普及的過程中，慢慢出現①②③等慣例。

※嗶嗶嗶

書的誕生大百科Q&A

Q 在影印機普及之前，學校常用的簡易印刷機稱為什麼？①油印機 ②OHP ③晒圖機

A
①油印機。以鋼頭謄寫筆在塗蠟的紙上用力刻寫字句，並做成謄寫鋼版的蠟紙印法。

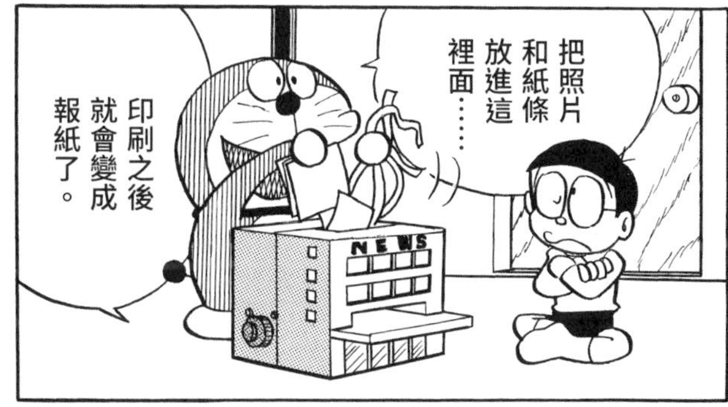

Q 以中世紀法文和義大利文書寫的文學稱為什麼？ ①羅曼史 ②喜劇 ③懸疑推理

A ①羅曼史。西歐的日常語族稱為「羅曼語族」。除了愛情故事之外，羅曼史還包括中世紀所有的虛構作品和故事。

從「抄寫」到「印刷」

即使人類發明出冊子型態的「翻頁書」，卻還是必須一本一本的用手寫，為了讓更多人能看到書，人們開始尋找「複製」書籍的方法。

製作與複製書籍 一開始都是用手寫！

書是用來統整與保管各種資訊，將知識傳遞給他人最方便的載體，世界各國都有人用心製書。在印刷術尚未問世的時代，要做出一本新書，必須由人工一字一句的抄寫。即使是複製現有書籍，也要將原書的文字完整「謄寫」至其他紙上。總而言之，書籍是很耗費時間且昂貴的物品。

▲12 世紀在西班牙製作的抄寫本。

影像來源／美國大都會藝術博物館

中世紀的書籍都是上流階級的收藏

基督教在四世紀左右傳入歐洲，順勢帶動聖經與宗教書籍的盛行。從七世紀起，修道院設置了繕寫室作為抄寫書籍的場所，由能寫會讀的傳教士負責製作抄寫本。寫書與抄寫書籍是神職人員的重要工作之一，這項傳統持續了數百年。

到了十三世紀末，非神職人員也以抄寫書籍維生。他們受到國王或貴族等富豪委託，製作施以華麗裝飾的抄寫本。每一頁都以優美的文字謄寫文章，在羊皮紙上點綴美麗的插圖或裝飾，最後再加上華麗的封面。這樣的抄寫本相當珍

▲施以華麗裝飾的 15 世紀知名抄寫本之一。

影像來源／美國大都會藝術博物館

貴，就像寶石一樣價值連城。

佛教傳入後，日本盛行「抄經」

日本現存最古老的書籍，是七世紀飛鳥時代聖德太子寫的佛教書《法華義疏》。此後一直到奈良時代，大多數書籍都是由僧侶抄寫從中國傳入的經書，稱為「抄經」。另一方面，《日本書紀》等歷史書、蒐羅和歌的《萬葉集》也在此時登場。平安時代出現故事和日記等文學作品，各種書籍經過大量抄寫，普及於人群之中。

小知識 以手抄方式完成一千兩百卷經文！

日本在奈良時代抄寫的《大般若經》計有一千兩百卷！總計參與製作的人數多達六千人，他們的工作包括抄寫、題字、校正文字與作成卷軸等等，可以說是一項十分浩大的工程。

小知識 在教會謄寫書籍的工作十分辛苦！

在透過手寫增加書籍數量的時代，一個人每天能抄寫的文字，大約是三到四張現今A3紙大小的量。謄寫優美文字的作業十分精細，一般來說，完成一本抄寫本需要好幾個月的時間。某本十二世紀抄寫本的後記寫著：「我的眼睛看不清楚，還駝背、腸胃不好、心情鬱悶，腰也很痛，全身都痛。」由此可見，這份工作真的很辛苦。

影像來源／Brussels Royal Library

▶製作抄寫本時，需要許多專家分工合作，例如抄寫文字的人、畫插畫的人、劃格線的人等等。

印刷的原點是五千年前開始使用的「印章」

「印刷」是一種不用人工方式謄寫，即可大量複製相同文章與繪畫的技術。具體方法是先做印刷版，沾上印墨後，轉印在紙張上。事實上，早在印刷技術發明之前，人類使用的某項物品可說是印刷的原點，那就是印章（印鑑）。距今五千年前，亦即西元前三千年左右的美索不達米亞，當時的人們會用印章壓印在黏土上當作信封（封印），裡面放著寫有楔形文字的泥板。後來改用滾筒印章在黏土壓印圖案，取代封印。

時間往前推到西元一世紀左右，日本也出現了來自中國的贈禮，亦即名為「金印」的印章。這款金印印章是用來封印信封的，將黏土抹在信封上，再按上金印即可。

▲美索不達米亞使用的「滾筒印章」。左邊的滾筒是印章，在黏土上滾動按壓就會出現右邊的圖案。
影像來源／美國大都會藝術博物館

小知識　完美轉印碑文的「拓本」

與印章的用法不同，「拓本」可以複製較長的文章。中國有一種風俗，字寫得端正的人謄寫偉人名言或詩詞，將文字刻在石頭上，製成「石碑」。拓本可以將石碑上的字完整拓印下來。具體做法如下：先將一張大紙放在石碑上，用水沾溼紙張，將紙用力按壓至刻文的凹陷處使其密合。等紙乾到一定程度，就用沾了墨的布（拓包）輕敲紙張表面。如此一來，文字凹陷處就不會沾墨，維持原有的白色，可完美複製石碑文字。據說知名石碑前總是大排長龍，人們就像收集紀念章一樣等著拓印書法名家寫的字，收藏墨寶拓本。

①將紙貼在石碑上，用水沾溼。

②用沾了墨的拓包，將文字以外的部分全部塗黑。

③小心的撕下紙，避免紙張破裂。

④以黑底白字的形式完美拓印石碑上的字！

日本在八世紀製成的經書是現存全世界最古老的印刷品！

現存全世界最古老的印刷品是日本在奈良時代製作的《百萬塔陀羅尼》。外界認為該經卷的做法，是在木板或金屬板刻著往外凸的鏡像文字（左右相反的文字），在文字塗上印墨，接著刷在紙上而成。原理與「版畫」相同。當時撰寫的《續日本紀》中，記載著西元七六四年為了祈求國家安全，製作了一百個小木塔，並在小木塔中收藏《百萬塔陀羅尼》經卷的文字。事實上，專家發現了許多以同一個版印製的經卷，如今也有實物收藏在博物館中。

自此之後，日本的雕版印刷在寺院的推波助瀾下蓬勃發展，可以印製出宛如手抄經文的經卷。到了室町時代末期，寺院開始印製實用的字典。

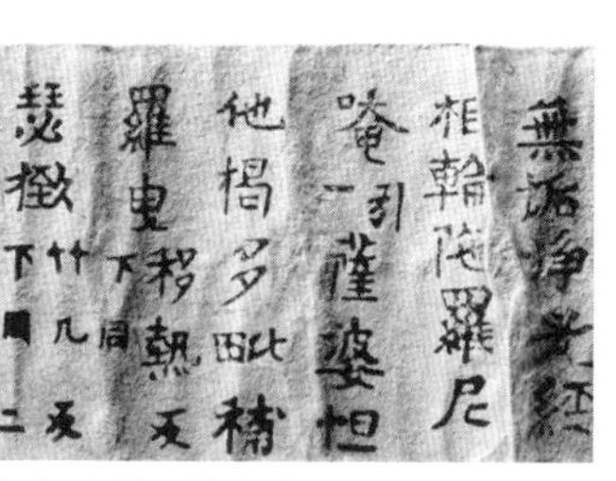

▲《百萬塔陀羅尼》包含外面的小木塔和收藏在裡面的經文。

影像來源／日本印刷博物館

另一方面，在《百萬塔陀羅尼》問世的一百年後，西元八六八年，中國也誕生了印刷版的《金剛般若經》。不過，《金剛般若經》使用的印刷技術比日本更高，因此專家認為中國的雕版印刷發展得比日本更早。

小知識 雕版印刷的機制

①將想要印製的文字或圖畫以左右相反、往外凸起的形式刻在木板上，稱為「雕版」。

②在雕版上塗墨，按壓在紙上，就能印製出文字和圖畫。依照想要的顏色分成幾個色版，重疊在一起就能印製彩色印刷品。

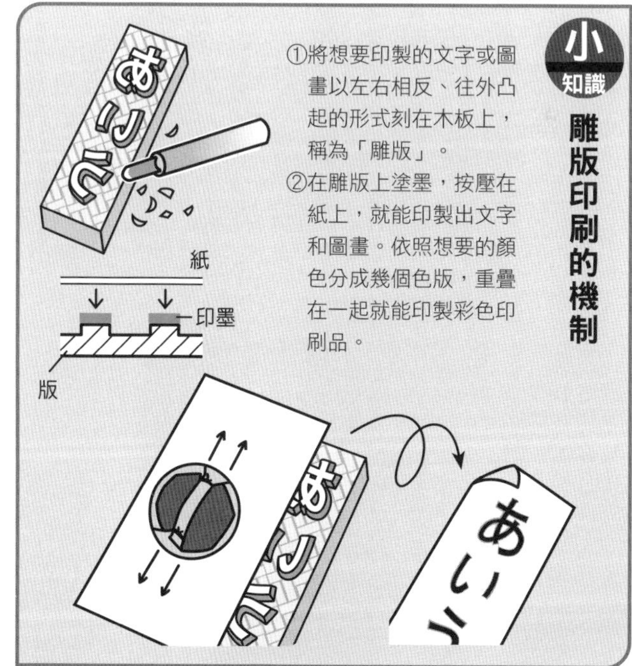

邁向大量印刷、大量出版的道路

古騰堡的「活字印刷」讓西方書籍掀起革命

在中世紀末期之前，書籍的價格十分昂貴，因此在西方國家，書一直是王公貴族獨占的收藏品。直到十五世紀中期，德國的約翰尼斯．古騰堡掀起印刷革命，改變了一切。他使用從東洋傳入的「紙」，在固定尺寸的木盒中排列「鉛字」，塗上油墨，利用「印刷機」將字印在紙上，發展出「活字印刷」的印刷技術。這項技術掀起了印刷革命。比起人工的手抄本，活字印刷可以用更快的速度、更便宜的成本，印製大量書籍。好處多多的活字印刷逐漸普及於歐洲，原本珍貴的書籍變得親民，一般百姓也能閱讀。

▲出生於德國的約翰尼斯．古騰堡。

影像來源／日本印刷博物館

活字印刷盛行歐洲的原因之一在於主要使用的是字母，需要的鉛字種類較少，容易製作字版。此外，原本獨占書籍權利的教會進行宗教改革也成為另一個助力。在此之前，聖經是由拉丁文寫成，看得懂拉丁文的人比較少，但在推動宗教改革的過程中，聖經被翻譯成百姓讀得懂的在地語文，再透過活字印刷大量印製，讓宗教走進庶民的生活之中。

▶將塗了油墨的版裝在右邊機器裡，拉動操縱桿即可印刷。畫面中左邊的人負責換紙。

影像來源／日本印刷博物館

▶古騰堡印製的聖經。頁面採用兩段式四十二行的版面，鉛字字體也很講究，設計得十分優美。

影像來源／日本印刷博物館

古騰堡印刷術

接下來為各位介紹古騰堡發明的活字印刷術。使用的工具是金屬活字（鉛字），將刻著鏡像文字的堅硬鋼字，按壓在銅製模型上，再倒入溶化的溫度比銅低的鉛合金溶液，待其凝固。這個合金材質也是古騰堡發明的。金屬活字相當耐用，即使受損也能輕易製作新字模，補足缺損文字。

接著，將準備好的活字，按照文章內容放入木盒（印版）中，塗上用油畫顏料製成的油墨，安裝在印刷機中。

①每個字製作一顆鉛字，由於使用模型製成字模，比一顆顆手雕更加方便簡單。

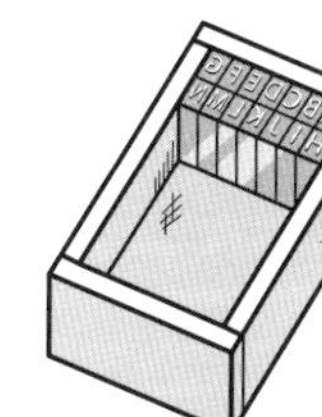

②準備活版。依照文章內容，將鉛字排列在事先確定好尺寸的木盒裡，亦可組合大小不同的文字。

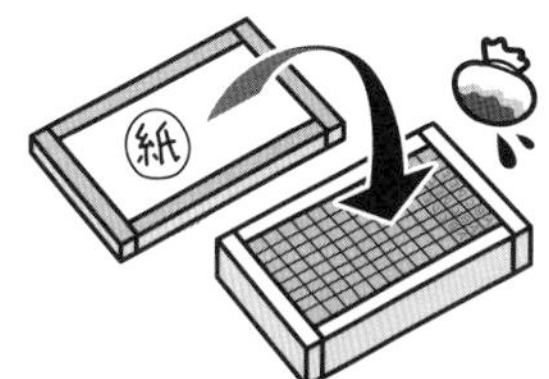

③將油墨塗在版上，裝進印刷機。在油墨未乾之前，將用木框固定的紙放在版上。

用木框固定紙張，對準印版位置，即完成印刷的前置作業。

最後拉動操縱桿，讓印版按壓在紙上即可印刷。古騰堡的印刷機是從葡萄榨汁機改良而成，可以從正上方均勻按壓紙張，不僅能維持一致的印刷品質，還能輕鬆換紙。古騰堡印刷術的印製速度，比手工作業的雕版印刷快上八倍。

④拉動操縱桿，將印版按壓在紙上。

小知識

紙張與活字皆起源於中國

根據記錄顯示，中國在十一世紀已經出現以黏土製成的活字，專家認為活字和紙張都是中國發明的。金屬活字發明於十三世紀的朝鮮，豐臣秀吉出兵朝鮮時，將金屬活字帶入日本。不過，直到明治時代，本木昌造在長崎成立凸版印刷所，金屬活字才真正普及於日本。

報應藥水

※咚噠、咚噠

※匡噹

胡鬧！再吵就把你趕出去喔。
ピシャ

結果後來害我一整晚都沒睡，直到天亮。
你看！我明明常常提醒你，叫你不要欺負貓，看來你是受到報應了。

啊哈哈哈！哪有這種事啊？
我看不過是作惡夢罷了。

我確實有看到貓妖!!
哆啦A夢，現在我該怎麼辦？

書的誕生大百科Q&A

Q 十五世紀印製的金屬活字書稱為「incunabula」，語源是什麼？①印墨與紙 ②活字 ③搖籃

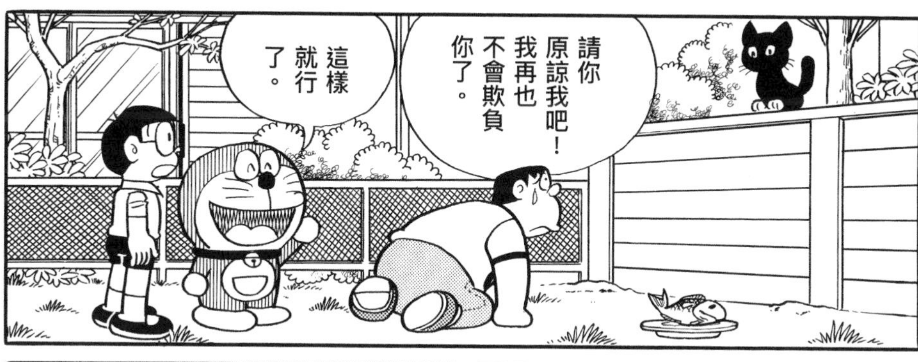

請你原諒我吧！我再也不會欺負你了。
這樣就行了。

咦……原來真的有報應這種事啊。
哎呀，其實是我……

偷偷用了這個。
「報應藥水」。

這藥水可以替受欺負的對象向施暴者抗議。
喔……

汪……
汪……
汪……
又有狗被棄養了。

在牠頭上滴上一滴。

モク
※生成

那個東西今天晚上會出現在棄養者枕邊。

A ③搖籃。incunabula 稱為搖籃本，帶有「最初的」、「出生地的」意思。特別指稱古騰堡剛發明印刷術時印製的書籍。

書的誕生大百科Q&A

Q 江戶時代流行的報紙稱為什麼？①瓦版 ②浮世繪 ③錦繪

漫畫書！

什麼！

啊——少了好多!!

剛剛老師打電話來，叫你要好好唸書！如果你有時間看漫畫，倒不如多唸點書。

媽媽的確是有點過分……

借我「報應藥水」!!

從沒聽說過有漫畫妖怪啊。

出現了！
等天黑之後，它就會到媽媽枕邊去了……

A ①瓦版。雖然以瓦為名，但大多是木版。內容是江戶最常發生的火災和諷刺政治的文章，銷量相當好。

Q 將《伊索寓言》傳入日本的是誰？①基督教傳教士 ②葡萄牙商人 ③荷蘭學者

我更恨的人是老師！老是兇我，又叫我罰站。

等等！那是因為你自己做錯事耶……

今晚給他一點顏色瞧瞧。

是誰站在那邊？

大雄！這麼晚了你還在四處遊蕩，難怪你會沒空唸書!!你真的是……

給我去院子罰站!!

我好恨啊！

A ①。一五九三年，耶穌會傳教士在熊本縣天草地區發行使用日語羅馬字的日文版《伊索寓言》（Esopo no Fabulas）。

看書成為大眾娛樂

書籍剛剛誕生時，種類相當少，只有宗教書籍與教會認可的學識書。隨著印刷技術普及，平民百姓閱讀的娛樂書籍也越來越多。

在文藝復興時期大放異彩的西洋文學

人人都愛聽的故事從幾千年前就存在，大多數靠著口述或戲劇流傳下來。在西方世界，古騰堡印刷術發明於十五世紀，從此出現大量紙本書，人們開始透過「書籍」閱讀故事。「文藝復興」也在此時興起，成為書籍普及的幕後推手。

文藝復興指的是聚焦於人性，自由創作作品的文化運動。才華洋溢的創作者們在各領域發揮長才，創作出無數的經典故事。知名的莎士比亞戲劇《羅密歐與茱麗葉》在一五九五年演出並出版書籍，塞凡提斯的小說《唐吉訶德》也在一六〇五年問世。書籍已經成為大眾的娛樂媒介。

時代再往前走，十八到十九世紀，適合兒童閱讀的《格林童話》等童書大量出版，至今仍吸引大眾目光的名作也不斷推出。

《羅密歐與茱麗葉》【一五九五年】

▶英國劇作家威廉・莎士比亞創作的戲劇作品，劇本也成出版品之一。莎士比亞留下許多現代人十分喜愛的出色作品，包括《哈姆雷特》、《李爾王》等。

AN
EXCELLENT
conceited Tragedie
OF
Romeo and Iuliet.
As it hath been often (with great applause) plaid publiquely, by the right Honourable the L. of Hunsdon his Seruants.
LONDON,
Printed by Iohn Danter.
1597

影像來源／John Danter

《格林童話》【1812～1857年】

▶格林兄弟收集德國自古流傳的故事，統整成《格林童話》。收錄多篇經典的童話，包括《小紅帽》、《白雪公主》、《灰姑娘》等等。

影像來源／Ludwig Emil Grimm

日本文學起源於貴族文化

紙張在七世紀左右從中國傳入日本。在八到十二世紀，以貴族文化為主的奈良、平安時代，當時的「書」仍以卷軸為主流，但內容、種類都相當豐富，包括歷史書、民間故事、歌集、童話與日記等。可說是日本古典文學頂級傑作的《源氏物語》、相當於現代散文的隨筆集《枕草子》、女主角為輝夜姬的《竹取物語》，都是這一個時期的作品。不過，當時的書是貴族特有的娛樂讀物。

十二世紀以後，貴族式微、武士活躍，進入鎌倉與室町時代後，出現了《平家物語》和《太平記》等軍記物語。軍記物語指的是以歷史戰爭或打仗為題材的中世紀日本文學。無論哪個國家或地區的人們，都很喜歡描繪戰爭且充滿戲劇性的故事。

平民百姓愛看的《御伽草子》等故事也在室町時代登場。不過，直到江戶時代以後，書才成為一般人廣泛閱讀的娛樂媒體。

《源氏物語》【十一世紀初】 ※照片為 1911 年的謄寫本。

▲以平安時代的宮廷為舞台的長篇小說。描述圍繞著主角光源氏發生的各種事件與戀愛故事。作者為女性，名為紫式部。

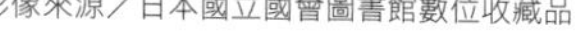
影像來源／日本國立國會圖書館數位收藏品

《平家物語》【十三世紀】

◀描述站上武士巔峰的平家，後來被源氏消滅的軍事故事。最初並非以書籍形式出現，而是像左圖，由「琵琶法師」一邊彈奏琵琶，一邊吟唱流傳下來。類似西方的吟遊詩人。

太平的江戶時代是出版天堂！

租書店造就庶民也能讀書的時代

隨著戰國時代結束，日本進入承平的江戶時代。武士不僅必須武藝高超，還要具備一定程度的教養，就連一般百姓也要學習日常生活的應對進退。武士的小孩進入「藩校」學習，百姓的小孩則在「寺子屋」讀書。這些地方就像現代的學校或補習班，日本各地都有相關設施。不僅如此，以雕版印刷為主流的印刷業，也在江戶時代蓬勃發展。順應這股潮流，江戶、京、大阪等大城市紛紛印製發行「引札」（傳單）、「瓦版」（報紙）與「稽古本」（教科書）。

十七世紀後半，誕生了專門出租書籍的「貸本屋」（租書店）。由於租借比購買便宜，打造百姓可以輕鬆閱讀書籍的環境，庶民文化也就此百花齊放。真實描繪世間俗事（戀愛、工作與錢財等）的小說類型《浮世草子》一躍成為主流，知名作家撰寫的暢銷書一本接一本問世。不僅如此，就連報導「哪間茶屋好吃」的排行榜報導（番

《豆腐百珍　續篇》【1873年】

▼從書名即可得知，這是一本介紹一百種豆腐料理的食譜。從一般家庭都會做的煎豆腐，到平時少見的珍稀工夫菜，這本書將豆腐的特性發揮到淋漓盡致。這本食譜極受歡迎，後續還出版了以白蘿蔔、番薯、蛋等不同食材為主的食譜。「百珍物」成為食譜的一大主流。

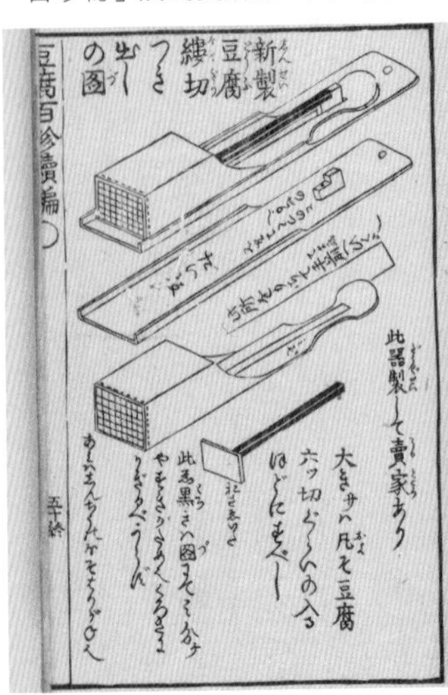

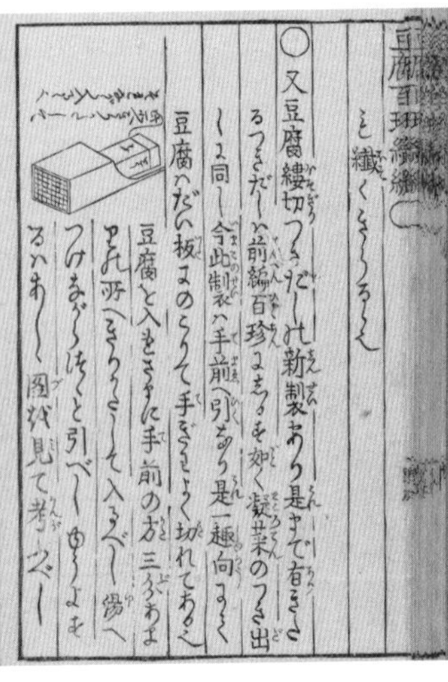

影像來源／日本印刷博物館

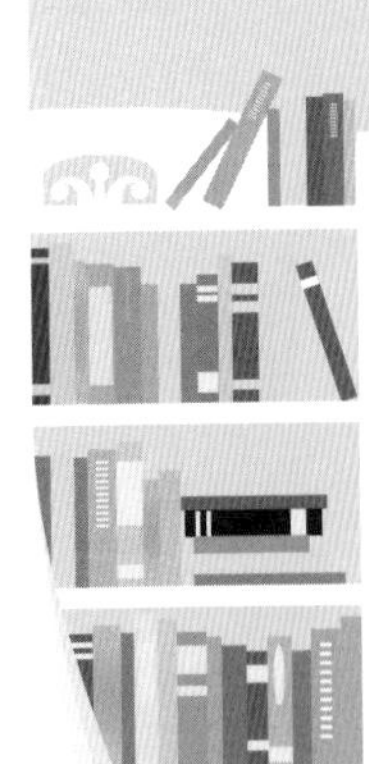

付）和旅行導覽也成為出版寵兒。

當書籍開始流行，自然會產生一個又一個人氣作家，撰寫《南總里見八犬傳》的曲亭馬琴就是其中之一。《八犬傳》總共有九十八卷，前後寫了二十八年才完結。這部巨作橫跨各種領域，包括歌舞伎、人形淨琉璃、浮世繪、雙六等。

十返舍一九寫的《東海道中膝栗毛》，描述彌次、喜多兩人為了改變人生，從江戶到伊勢旅行的過程。由於相當受歡迎，之後不斷增印，目的地還從伊勢延伸到大阪，總計出版了數萬本。由此可見，書已經成為平民百姓日常生活的休閒娛樂。

《南總里見八犬傳》
【1814～1842年】

◀ 描述身上帶著靈力念珠的八犬士，齊心協力幫助里見家再起的故事。故事中有許多怨靈和妖怪登場，還有充滿靈異風格的戰鬥場面，可說是和風奇幻小說的始祖。

影像來源／日本印刷博物館

繪畫是主角！童書登場

由於江戶時代的木刻版畫很發達，不只出版了許多文字書，也印製許多繪畫作品。繪畫主題包括富士山風景、人氣演員的肖像畫等，題材相當廣泛。以現代來說，感覺近似購買繪畫明信片或偶像商品。聞名世界的「浮世繪」也是在此時登場。

此外，書籍也從手寫演進至印刷，能夠大量印製的圖畫書，創造出適合兒童閱讀的童書，亦即稱為「赤本」的繪本。《桃太郎》與《分福茶釜》等現代人耳熟能詳的故事，都是這個時代的繪本。

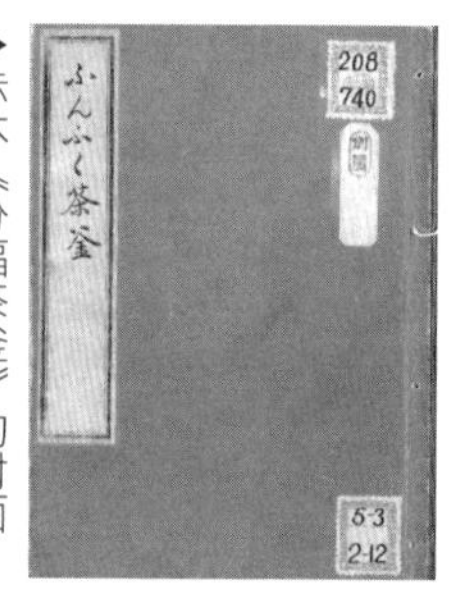

▶赤本《分福茶釜》的封面

▶《分福茶釜》內頁

影像來源／國立國會圖書館數位收藏品

結合娛樂的「雜誌」

日本開國引進西洋文化 活字印刷普及使閱讀成為日常

江戶時代的日本採取鎖國政策，不與國外交流。邁入明治時代後，為了與西方列強競爭，日本政府認為應該引進西方的技術與知識，推廣至日本各地。其中最受注目的是西方的印刷技術。

江戶時代的印刷術是以雕版印刷為主，使用金屬活字的活字印刷在明治時代取而代之，政府還主導成立報社，進一步推動活字印刷。普及孩童教育而創設的小學，全部使用以活字印刷製成的教科書。

西洋文化傳入也改變了日本文學界。江戶時代的故事型態以勸善懲惡為主流，作家坪內逍遙除了擅長這類故事之外，也倡導忠實描繪人性的西洋風格文學，亦即「小說」，在作家之間掀起風潮。在此背景下，小說開始在報紙連載，誕生出夏目漱石的《心》等，至今仍廣受歡迎的暢銷作品。

小知識

《學問之勸》賣得太好 讓雕版印刷重回市場

雖然不是小說，但福澤諭吉寫的《學問之勸》是明治時代初期的經典暢銷書。

簡單來說，這本書闡述的是「日本成為近代國家後，為了能持續發展，應該要視學習為非常重要的事情」。該書總計銷量超過三百萬本，由於賣得太好，光靠當時業界還不熟悉的活字印刷來不及增印，因此同時也採用雕版印刷印製。

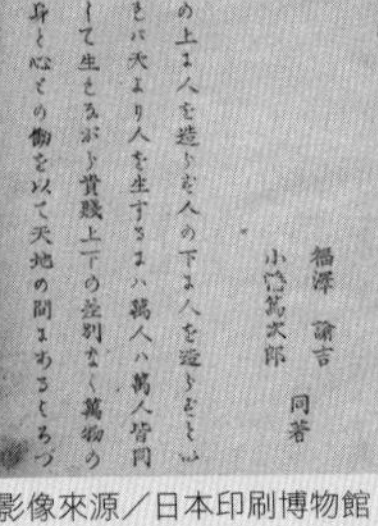

學問のすゝめ
福澤諭吉
小幡篤次郎　同著
一天ハ人の上ニ人を造らず人の下ニ人を造らずと云へりされバ天より人を生ずるニハ萬人ハ萬人皆同じ位ニして生れながら貴賤上下の差別なく萬物の靈たる身と心との働を以て天地の間にあるよろづ

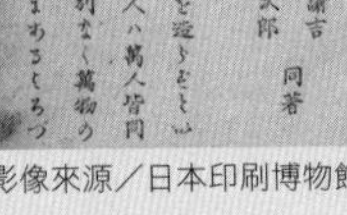

影像來源／日本印刷博物館

影像來源／日本國立國會圖書館　電子展示會

雜誌是反映時代的鏡子

不只是報紙，雜誌也在明治時代陸續創刊。當時的雜誌大半為政治和學術性質，但為了滿足各種讀者的需求，以藝文、娛樂、婦女和兒童為對象的雜誌也應運而生。出版本書日文原版的小學館，創業於一九二二年（大正十一年），第一本發行的書就是以小學生為目標族群的雜誌。

▲從 1922 年創刊的《小學六年級生》開始，一直到 1925 年創刊的《小學一年級生》，全部學年年級的學習雜誌一應俱全。

可惜後來受到太平洋戰爭（第二次世界大戰太平洋戰線）影響，雜誌出版事業一度荒廢，平民百姓也沒多餘心力買書。直到戰爭結束後，娛樂雜誌才又抓住庶民的心，其中以漫畫最受孩子們歡迎。後來出版了許多漫畫作品，有「漫畫之神」美譽的手塚治虫作品也在這個時候問世。當時的人們並不富裕，許多人沒錢買書，因此以借書為主要業務的租書店開始流行，不少漫畫家靠貸本漫畫（專門出租的漫畫）出道。以《鬼太郎》聞名的水木茂也是貸本漫畫家之一。

戰後隨著經濟的復甦，日本人的生活變得富裕，介紹時尚潮流、休閒娛樂的「生活風格雜誌」陸續誕生。加上印刷和運輸技術提升，每週發行的週刊雜誌都能準時運送到全國書店上架銷售。《週刊少年 Sunday》等少年雜誌就是這樣誕生的。週刊漫畫發展得十分迅速，廣受各年齡層的熱愛。

▲《週刊少年 Sunday》創刊號，於 1959 年開始發行。手塚治虫與藤子不二雄等人氣創作者也都加入創作陣容。

威權時代的禁書政策

書籍與報紙提供各種資訊和知識給大眾，只要擁有知識，就很容易找到工作，有新發現，國家也會變得富裕。不過，對部分掌權者來說，書籍有時很礙事，因為有些書的內容對他們不利。由於這緣故，無論古今中外，都曾經出現過掌權者燒毀書籍的焚書行為。最有名的是西元前三世紀的秦始皇，近代則是第二次大戰爆發前，納粹德國也在一九三三年大動作焚書。

▲描繪秦始皇焚書場景的畫作。
影像來源／ wikimedia

相反的，書籍和報紙也可以被利用來傳播對自己有利的消息，進而控制輿論。因此，有些掌權者會利用「審查制度」控制出版業界與媒體。審查制度指的是國家強制審查言論和書籍的內容，只要對自己不利就強制予以刪除或修改，嚴重時還會祭出禁止出版的手段。當然，日本現行的憲法嚴禁審查制度，各位不用擔心。不過，在走向戰爭的昭和初期，日本曾經禁止出版反對戰爭的書籍。能夠自由販售各種書籍可說是承平時代的象徵。（台灣在一九四七年至一九八七年的戒嚴期間，也曾經經歷過這樣對言論與書籍內容的審查和禁錮。）

▲納粹德國燒毀的書籍多達數萬冊。
影像來源／ Bundesarchiv, Bild 102-14597 / Georg Pahl / Wikimedia Commons

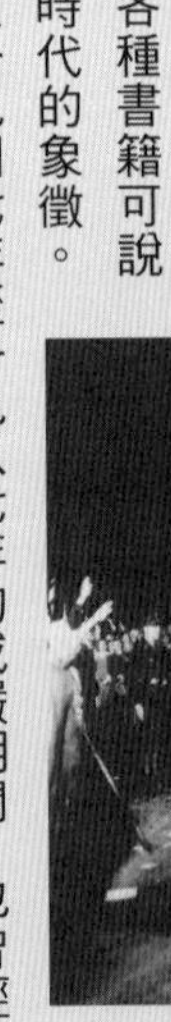

話說回來，雖然說能自由的想寫什麼就寫什麼，但內容絕對不能傷害他人。對於特定國家、民族或與生俱來的身體特徵，都不應該任意的輕蔑或歧視。日本政府雖然認同出版自由，但出版社之間有一個大家都遵守的自主公約，那就是不出版侵犯他人隱私或助長歧視觀念的書籍。制定大家一起遵守的規範，才能維持任何書籍都能出版的自由環境。

危險！假面獅人

哇啊…

哪本雜誌在《哆啦A夢》連載時尚未出版？①快樂快樂月刊 ②小學一年級生 ③週刊少年Sunday

A
①《快樂快樂月刊》。《哆啦A夢》從一九七〇年一月號開始連載，《快樂快樂月刊》誕生於一九七七年。

不二子不二夫的假面獅人，每次都讓人看得心驚膽跳的！
到了7月號的時候，不曉得假面獅人會如何獲救？

嗯……我再怎麼想，都覺得沒辦法得救耶！

可是，沒有一部漫畫會讓主角死掉吧？

作者一定想好辦法了。

對了！

去問他本人不就得了。
真的嗎？

不二子不二夫的家離這裡很近。
不二子

書的誕生大百科Q&A

Q 藤子老師與許多漫畫家一起住的公寓名為什麼？①常盤莊 ②董莊 ③樂莊

這種事情應該一開始就想好的吧!?
都怪你那個時候一直催我。
連作者本人也不知道啊……
我越來越想知道接下來會如何發展了。
啊，我有辦法了！
「時光機」！
到下個月去看7月號的漫畫。

A 常盤莊。藤子老師住的房間，之前住的是《原子小金剛》作者，有漫畫之神美譽的手塚治虫。

到了！這裡已經是下個月了。

到書店去……

是7月號！

假面獅人的續集……有了！

嗯……嗯……
喔，原來如此。

我連一半都還沒看完呢！
小氣。

你知道內容了嗎？
大致上是吧～

之後如何發展，快點告訴我啊！
在那之後……

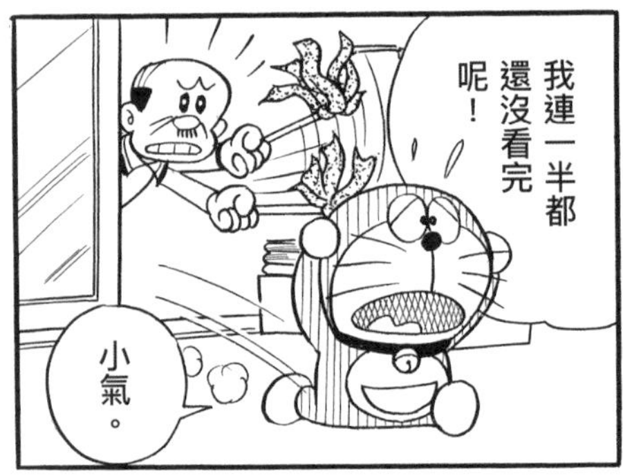

書的誕生大百科Q&A

Q 漫畫人物說話時旁邊都有一個像雲朵形狀的圖案，稱為什麼？①漫畫格 ②對話框 ③分隔框線

A ②對話框。有些江戶時代的圖畫故事書就已經使用了對話框。

Q 漫畫中，不二子不二夫老師衣服上的圓點圖案是用什麼做的？ ①網點 ②交叉影線 ③滿版

A ①網點。用類似貼紙的材質貼在原稿上，再用美工刀割下來。

書的誕生大百科Q&A

Q 月刊雜誌封面上的「○月號」，通常寫的是從發售日起算幾天後的月份？

① 30
② 45
③ 50

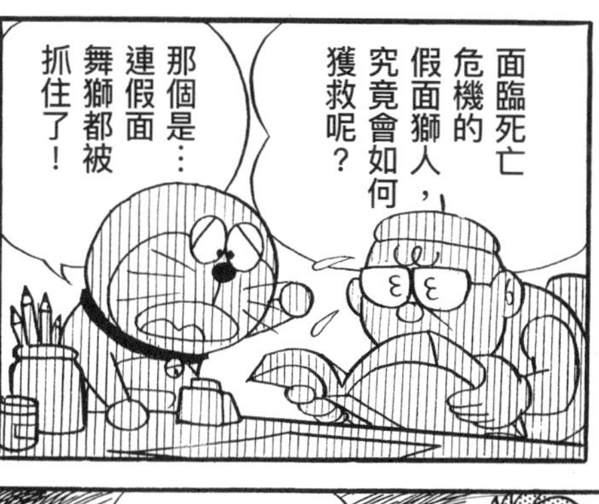

A ② 45天。以十二月二十五日發行的雜誌為例，通常封面上會寫「二月號」。這是因為雜誌銷售期較長的緣故。

書的誕生大百科Q&A

Q 漫畫原稿通常使用以下哪一種紙張？①粉畫紙 ②肯特紙 ③半紙

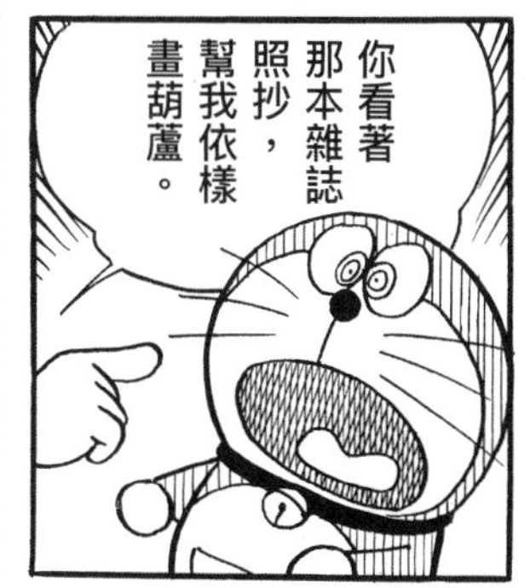

A ②肯特紙。這種紙最初是在英國肯特地區製造的，紙質純白硬挺，最適合以尖筆畫的漫畫。

從《哆啦A夢》學習常見的漫畫畫法

日本現在的出版品中，漫畫約占三分之一。這一章就來看看那些令大人小孩都熱愛的漫畫，是如何創作出來的。

故事與圖畫全都是自己創作！「漫畫家」的工作雖然自由卻很辛苦

漫畫家的工作是想出魅力十足的角色和引人入勝的劇情，並透過圖畫和對話以有趣的方式表現（演出）出來。若是電影，通常會有一群人分工合作，有人負責想台詞、有人負責攝影、有人負責演出。不過，漫畫家必須身兼數職，凡事都要自己包辦。接下來以藤子・F・不二雄實際創作的《哆啦A夢》

▲執筆中的藤子・F・不二雄。
攝影／齋藤亮一

無論是過去或現在，漫畫基本的製作流程並未改變。

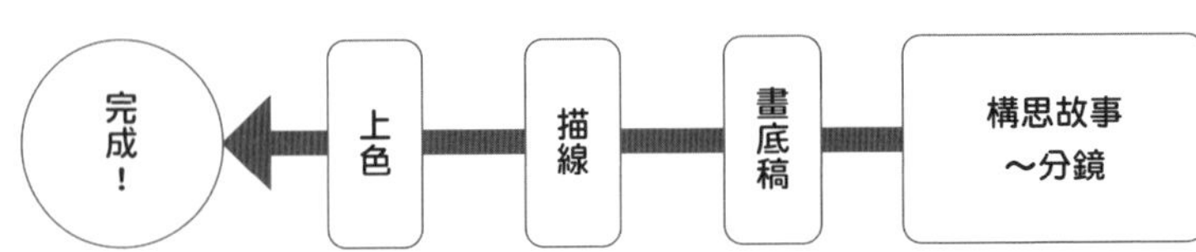

▲〈危險！假面獅人〉故事中的漫畫家不二子不二夫，要構思連載漫畫的劇情相當累人！

▲〈先睹為快〉故事中的漫畫家島山名。想好劇情後，就要開始畫底稿、描線與上色，完成畫圖作業。

原稿為例，依照先後順序為各位介紹漫畫的製作方法和呈現方式。

①根據構思的故事進行「分鏡」作業

漫畫創作從構思劇情開始，當漫畫家想到點子，要一邊思考劇情發展，一邊進行「分鏡」作業。分鏡像是漫畫的「設計圖」，漫畫家必須思考一頁要分成幾格、畫的內容與台詞，只要有個雛型即可。

■共七頁的漫畫分鏡

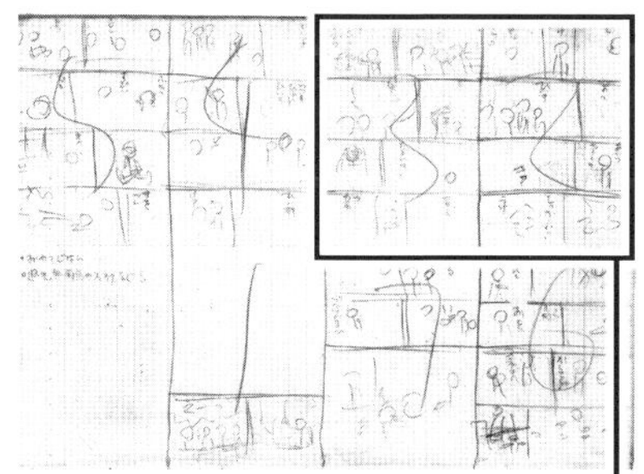

▲藤子・F・不二雄創作的《哆啦A夢》〈偏心樹〉分鏡圖。在這篇共七頁的漫畫中，常常受到大人袒護的小夫遭受懲罰。

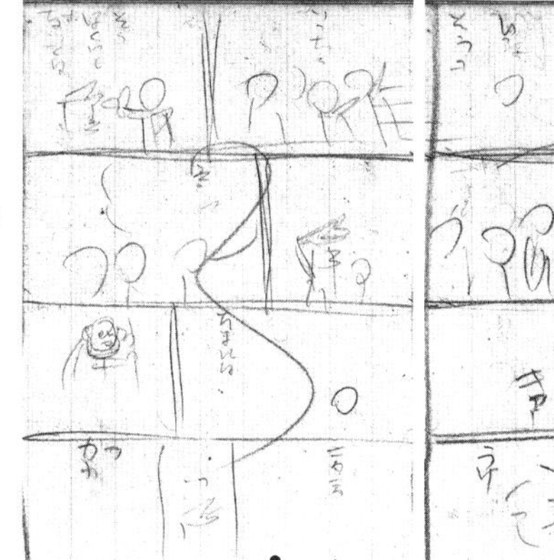

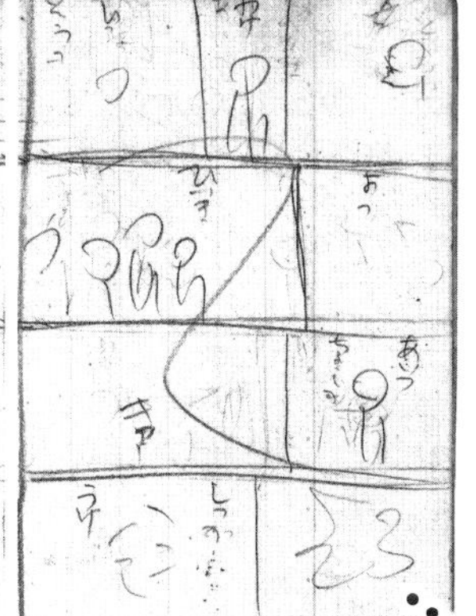

■第二頁與第三頁的漫畫分鏡

◀第二頁與第三頁描述的是小夫耍小心機，故意在大人面前裝乖的場景。通常分鏡圖包括漫畫格的分割方式、登場人物的大致位置、台詞的一部分等，以簡單圖畫初步彙整。至於分鏡要畫多細或寫多少台詞進去，則因漫畫家的習慣而異。

■刊登於漫畫中的完成版

▶與完成的原稿對照，就會發現漫畫格的分割方式、人物配置幾乎與分鏡圖相同。漫畫家在畫分鏡圖時，腦中或許已經有了完成版的模樣。

②畫底稿

畫好分鏡圖後，用鉛筆在稿紙上「畫底稿」。在步驟一的分鏡圖已確定大致的漫畫格大小與形狀，接下來要在格子中仔細描繪對話、對話框，甚至是人物表情。

若說「分鏡圖」的作用是大略統整所有創意，「畫底稿」就是將創意畫得具體一點。簡單來說，在這個階段必須在畫線的過程中，決定如何將構思分鏡圖時的想像具體畫出來。

▲〈我想要一隻厲害的寵物〉的底稿，劇情描述大雄想要養一隻獅子當寵物。先確定漫畫格的框線，接著在框線中畫畫。

③描線

畫完底稿後，再用墨水筆沿著鉛筆線條描過一遍，這個步驟稱為「描線」。通常一開始會先畫人物，之後再畫背景。

▶為底稿描線。最初先畫人物部分。鉛筆線條印刷後會變淡，因此要用墨水筆重描畫一次清楚的線條。

◀描好背景與框線後，等墨水乾，再用橡皮擦擦掉底稿線條。留下簡單的墨水線，即完成描線作業。

④上色～完成！

用橡皮擦擦掉底稿線條後，接著要修飾細部。例如將頭髮全部塗黑、在有圖案的地方貼上網點紙、用修正液去除多餘線條等，修完所有細部即大功告成！台詞部分保留鉛筆字，印刷廠會貼上工整的印刷字體。

▲哆啦A夢的身體和影子圖案都是在上色階段完成。大雄的頭髮和獅子的鬃毛等黑色部分稱為「滿版」，用墨筆或馬克筆塗黑。

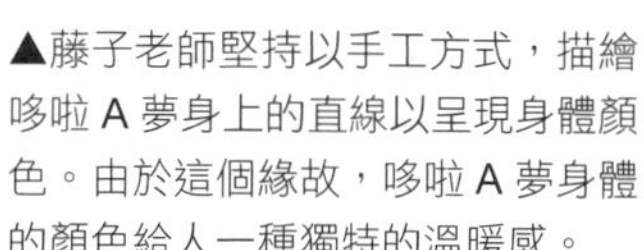

▲藤子老師堅持以手工方式，描繪哆啦A夢身上的直線以呈現身體顏色。由於這個緣故，哆啦A夢身體的顏色給人一種獨特的溫暖感。

完成！

▲這是最終版漫畫頁面。
台詞文字是請印刷廠貼上去的。

「藤子・F・不二雄博物館」可以看到實際的原稿！

各位可以在日本神奈川縣「川崎市藤子・F・不二雄博物館」的展區，參觀「一部漫畫從無到有」的過程。

●漫畫裡的各種巧思

為了讓讀者一目了然，讀得津津有味，漫畫家會在作品中添加許多巧思。用來提示台詞的「對話框」就是其中一例。將人物說的台詞放在方框或圓圈裡，再用突起的尖角指出說話者，讀者一看就知道這些話是誰說的。不僅如此，不同形狀的對話框可以表現音調的高低、人物的內心波動，因此對話框的類型也相當多樣。

●各種對話框

以圓形的對話框來表現一般正常的說話聲。

以邊緣為尖刺的對話框，表現胖虎的怒氣或提高的聲量。

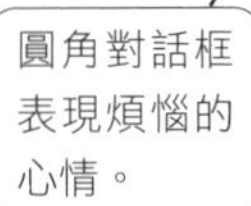

以幾顆不連續泡泡取代突起尖角的對話框，表現人物腦中的想法。

圓角對話框表現煩惱的心情。

▶〈肚子餓才知道食物的可貴〉

●分鏡

漫畫是一種透過依序堆疊漫畫框來表現劇情發展的作品。和直書的文章一樣，日本漫畫排列框格的順序是從右上到左下發展劇情，只要掌握閱讀順序，一格格的圖畫也能變成流暢的故事。充滿戲劇性的場面以大框格強調，巧妙省略無謂的橋段，讓劇情更加緊湊，這些安排是否得宜，完全看漫畫家的功力。

▲由於有固定的閱讀順序，就算框格形狀略有不同，讀者也能順利閱讀。〈恐龍獵人〉

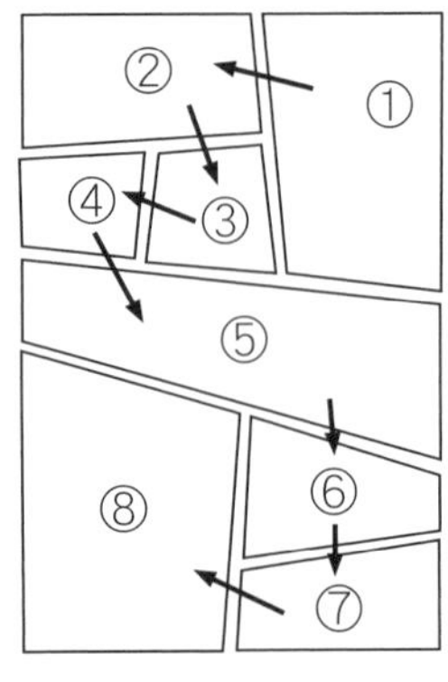

▲陷入煩惱情緒的大雄旁邊有兩個粗體狀聲詞「ワヨワヨ（糟糕的意思）」來表達煩惱。狀聲詞也可以表現人物心境。〈大雄的結婚前夕〉

▲狀聲詞加上音符的表現，讓讀者從文字形狀感受到聲音有多恐怖。〈無聲世界〉

●狀聲詞、效果線

「狀聲詞」是以詞彙來表現各種狀態與動作，例如有東西爆炸時就用「砰」來表現。為了讓讀者能夠感受到各種場景的氣氛與變化，漫畫通常會使用大量的狀聲詞。改變文字大小與外觀，讓讀者透過文字感受到聲音印象。

接著，「效果線」是用來表現動作和氣氛的另一個技巧，包括使人感到驚訝、鎖定焦點的「集中線」、利用線條來指引讀者奔跑者前進方向的「速度線」等。《哆啦A夢》也在許多場景中使用了效果線。

▲利用輻射狀的集中線凸顯哆啦A夢的驚訝表情，並且在文字上加上手繪圖案，進一步強調情緒。〈惡魔卡〉

▲配合移動物體畫上線條，就能營造往前進的動感。〈拯救大雄探險隊〉

小知識 以數位技術畫漫畫的時代

提到畫漫畫的道具，大家一定會想到筆和紙。藤子・F・不二雄老師也是用筆畫漫畫。不過，近年來有越來越多人使用電腦和平板畫漫畫。數位繪圖的特點是不需要稿紙，可以輕易的添加圖案和修訂圖稿。

漫畫的歷史——在「漫畫」之前的漫畫

●「漫畫」這個詞彙從江戶時代就存在

「漫畫」這個詞彙存在已久，但直到明治時代中期以後，漫畫才開始代表我們現在認知中的「漫畫」。明治中期以前，以趣味圖畫說故事的作品稱為「戲畫」、「滑稽畫」。

漫畫這個詞彙在江戶時代後期出現，知名的浮世繪大師葛飾北齋在一八一四年出版了《北齋漫畫》一書。這本書是素描集，類似繪畫範本，序文中還寫道：「漫畫就是隨心所欲、漫然描繪的畫作。」

▲《北齋漫畫》共出版了 15 篇，收錄北齋描繪的人物、動物、花草等各種人事物的素描。

影像來源／日本印刷博物館

●日本第一本漫畫雜誌《The Japan Punch》

日本的第一本漫畫雜誌，是在江戶幕府時代末期到明治時代中期發行的《The Japan Punch》，創辦人是以英國報紙插畫記者身分常駐日本的查爾斯・魏格曼，目標的閱讀族群則是外國人居留區的居民。效法英國諷刺漫畫雜誌《Punch》的風格，刊登以嘲諷與幽默的方式描繪社會萬象的「諷刺畫」。這本雜誌以趣味又搞怪的插圖簡潔表現社會時事的作風，深深影響了後來的漫畫發展。

▶這張江戶幕府時代末期的諷刺畫嘲諷日本武士四不像的西化作風。

影像來源／日本川崎市市民博物館

※ 日本的江戶時代是在 1603 年到 1868 年；明治時代是在 1868 年到 1912 年期間。

●歷經搭配插畫的報紙與連載漫畫後，邁入漫畫時代

明治時代初期，日本發行搭配插畫的報紙，刊登各種諷刺畫和滑稽畫，引起社會注目。北澤樂天的《田吾作與李兵衛》系列使用分鏡、對話框等要素，誕生出影響現代漫畫的作品。歷經大正時代，進入昭和時代之後，漫畫成為報紙、雜誌等刊物一定會有的內容。太平洋戰爭期間，雜誌數量銳減，漫畫數量也跟著減少。不過，戰爭結束後，漫畫又開始受到歡迎。昭和三〇年代，週週發行的漫畫雜誌問世，漫畫再次成為日本民眾必讀的日常娛樂。不只適合成年人閱讀，各年齡層都有專屬的漫畫刊物。

▲引自北澤樂天《田吾作與李兵衛》系列，出現分鏡形式。（刊載於《時事新報》明治 35 年 10 月 12 日號）

※ 畫作引自龍溪書舍發行的復刻版。影像來源／日本埼玉市立漫畫會館

小知識 日本漫畫進軍海外

如今日本漫畫也在海外大放異彩，法國書店還設置了「MANGA」專區，陳列日本漫畫。日本漫畫家也常受邀至世界各地的漫畫活動，與粉絲對談。當然，《哆啦A夢》也是在國外具有高人氣的漫畫之一，單行本更被翻譯成多國語言，不只在台灣很受歡迎、在中國、泰國、越南等亞洲國家也非常受歡迎。不僅如此，《哆啦A夢》在西班牙等歐洲國家也深受喜愛。

▲《哆啦 A 夢》單行本在全世界 20 個地方被翻譯成 17 種語言。

▲越南文版《哆啦 A 夢》。雖然台詞改為橫書，但漫畫格的閱讀順序和日本一樣。

※ 日本的大正時代是在 1912 年到 1926 年；昭和時代是在 1926 年到 1989 年期間。

幸福的人魚公主

啊！愛哭鬼來了。
她動不動就哭，很難伺候。

歡迎。

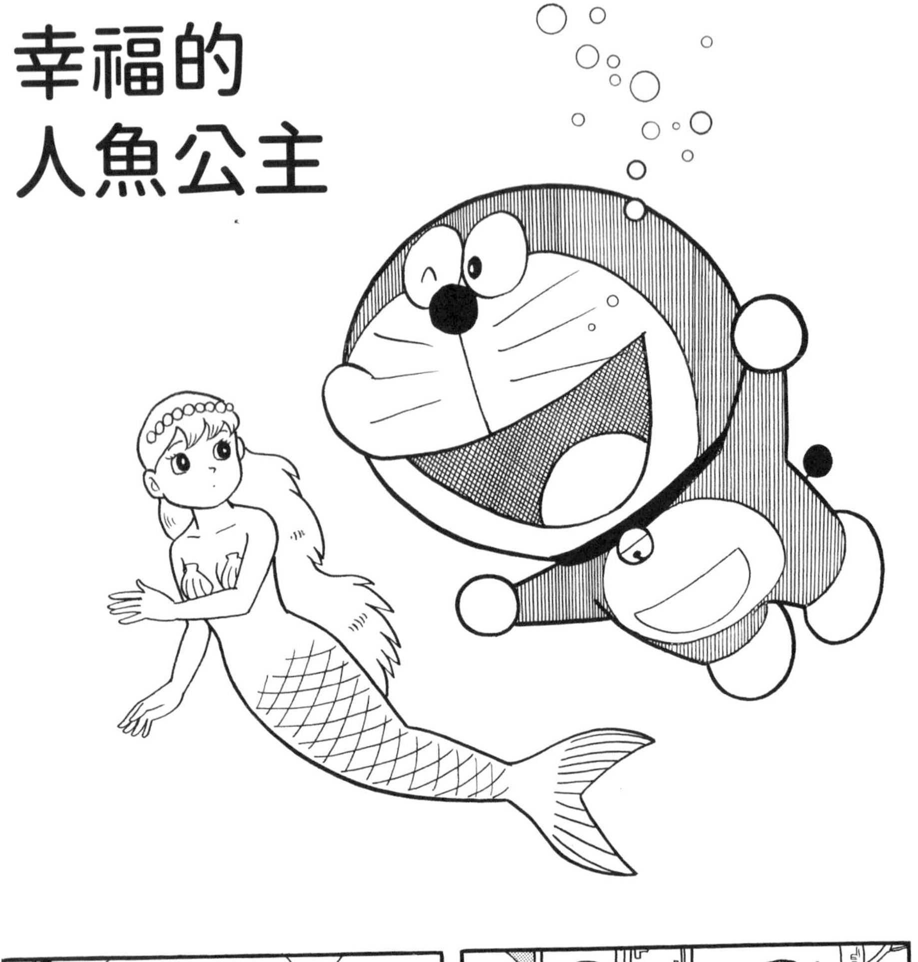

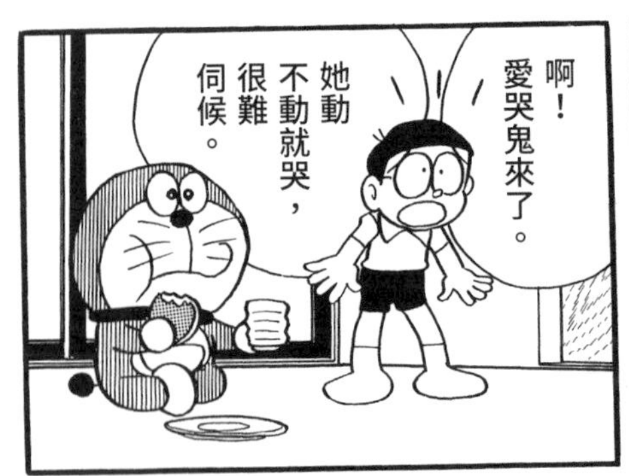

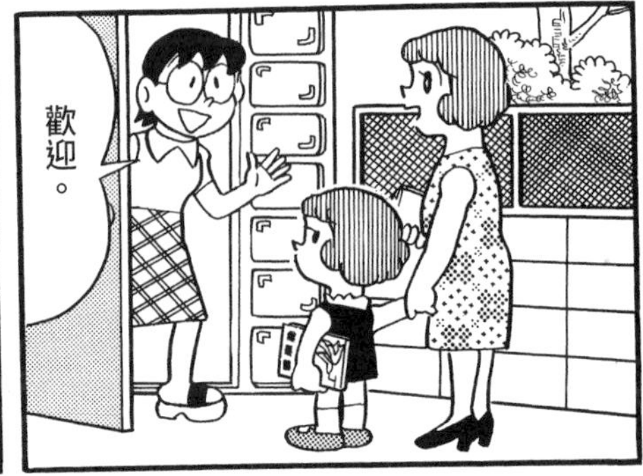

我出去玩了。

大雄真是的，
小朋友就是要人疼嘛。

唸故事給我聽。
好啊。
人魚姬

人魚姬
「人魚公主」啊？

人魚公主救了王子一命。

愛上王子的人魚公主，用自己的聲音換了雙腿。

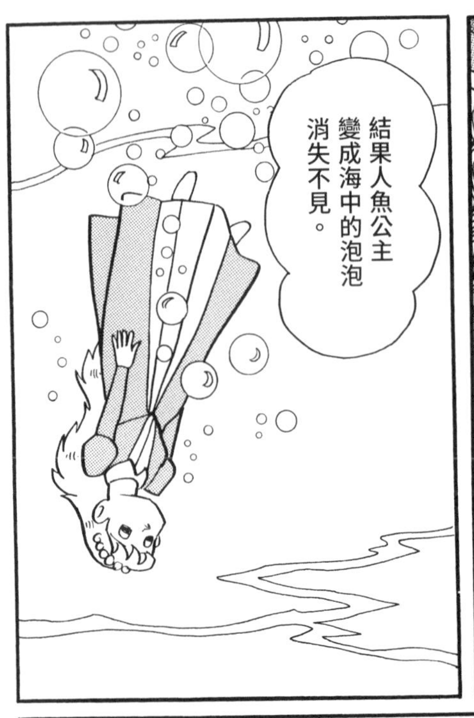

Q 幼童也看得懂、由厚紙做成的繪本稱為什麼?①硬頁書 ②平裝書 ③電子書

A ①硬頁書。英文為board book，board是厚紙板的意思。由於紙張表面有塗層，稍微沾到一點水也沒關係。

不過
是一雙腿，
送她會怎樣？
她很可憐耶！
不通
人情!!
小氣鬼！

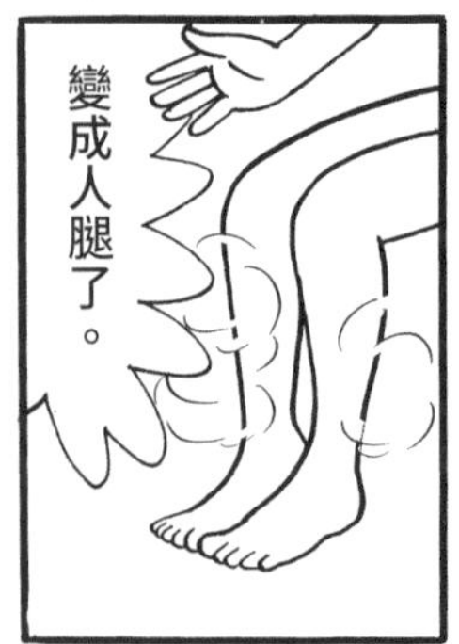

書的誕生大百科Q&A

Q 中世紀歐洲書店為了賣書做了哪些巧思？①縮小尺寸 ②添加色彩 ③增加頁數

A ①縮小尺寸。過去的書籍以大尺寸著稱，後來做成方便攜帶的大小，和現在書籍的尺寸差不多。

這樣就不會哭了吧？
スポ

※出現

我要叫大雄哥哥唸給我聽。

這只是童話故事，不可以哭喔。
嗯。

人魚公主免費拿到人類雙腿……
咦？
？
人魚姬

最後王子跟人魚公主結婚了。

什麼跟什麼啊？

怎麼跟原來的故事不一樣，嗚哇～～

人魚姬

第6章 做一本書的過程① 企劃製作

思考想做什麼樣的書

各位在閱讀書籍的時候可能沒感覺，但一本書從無到有需要許多人共同合作。接下來一起探索書籍的製作過程吧！

一本書需要超過一百人共同製作？

漫畫單行本的每一頁都要漫畫家自己畫，不過，從漫畫原稿到完成一本單行本，除了漫畫家之外，還需要很多人的力量。

若是刊登各種報導的雜誌或書籍，參與的人就更多了。包括寫文章的作者（撰稿人）、畫圖的插畫家、拍照的攝影師、設計書籍的設計師，再加上印刷、裝幀等製書相關人士，以及製造紙張、印墨的人，製作一本書可以說是一個動員超過百人的企劃。

將腦海中的書製作出來並送到讀者手上，需要大量的溝通和團隊合作。出版社編輯負責邀集相關人士，統籌整個企劃。具備各種技能的專業人員齊心協力，讓一本書從無到有。

書籍的製作過程

構思企劃

思考想做什麼書，邀集製作團隊。

製作書籍內容

製作書籍內容，包括文章、漫畫、插圖、照片等。

設計

透過優秀的版面設計統合文章與插圖。

校對

仔細的確認文章與內容是否有誤。

完成書籍

將完成設計的書籍交付印刷、裝幀。

❶想像最終完成版，製作設計圖

【構成企劃、確定台數】

編輯必須先想好要做什麼樣的書、目標族群是誰、誰會對這本書感興趣等問題，這是製書的第一步。還要寫企劃書，思考這本書對誰有用，會不會引起話題，統整所有與書有關的內容。若出版社通過企劃書就會撥預算，開始進入製作階段。

雖然說是製書，但每本書的頁數、開本大小與做法都不一樣。首先要思考的是，現在做的這本書，內容有哪些、需要幾頁？此外，一本書除了主要內容（本文）之外，還需要書名頁、目錄等工具頁。知道需要幾頁之後，接著從頭到尾依序排列製成表格，確定「台數」，掌握哪些頁面刊載哪些內容。

書的基本結構

- 封面
- 前頁
  - 扉頁
  - 書名頁
  - 目錄
- 序文
- 本文
- 附加資料
  - 結語
  - 參考資料
  - 版權頁
- 封底

本書台數的一部分

折	頁數	分類	刊載內容
封面	1		
封面	2		
卷首插圖	3	刊頭彩頁	這個是書？那個也是書？
	4	↓	從古到今　五千年書籍之旅
	5	↓	
	6	↓	彩色印刷機制／進化的圖書館
1	7	書名頁	
	8	目錄	
	9	↓	
	10	序文	關於這本書
	11	【漫畫】	人類書皮 9 頁
	12	↓	
	13	↓	
	14	↓	
	15	↓	
	16	↓	
	17	↓	
	18	↓	
	19	↓	

▲將扉頁、章節、彩色頁或黑白頁等訊息統整在台數表裡，輕鬆掌握整體狀況。

【依照書籍種類和目的決定樣式】

構思書籍企劃時，必須決定尺寸（開本）、裝幀方法和使用的紙張等。以本系列〈知識大探索〉為例，採用方便攜帶的「25開」（148mm×210mm）大小，這是漫畫和讀物很適合閱讀的尺寸。裝幀採用軟紙封面的平裝書。為了讓讀者清楚看見漫畫細節，選擇印墨不易滲開的白色紙張印製內頁。編輯、設計師和印刷廠窗口要根據書籍種類和目的，選擇最適合的樣式。關於樣式細節，請參閱第一一〇頁說明。

❷邀請工作夥伴，收集書籍「材料」

【人員配置】

確定書籍內容與樣式後，就要收集文章、插圖、漫畫、照片等刊載在書籍內的「材料」。責任編輯負責聯絡作家、插畫家和漫畫家等工作夥伴，告訴他們需要的文章和插圖內容。不僅如此，還要與印刷廠、裝訂廠的窗口溝通，分配各階段必須完成的工作，確定整本書的製作行程表。

在這個階段最常討論的是一開始的企劃書和台數表。有時必須事先製作「草圖」（分鏡腳本），也就是簡單的頁面構成，方便溝通每一頁的內容。

接受委託的作家與插畫家，要根據這些草圖寫（畫）出適合的文章（插圖），並且在截稿日前交出稿件。

【製書的幕後英雄】部分介紹

・作家

配合書籍內容寫文章。作家了解書籍的讀者群後，要花心思巧妙傳達書籍內容。

・插畫家

繪製頁面需要的插圖與畫作，包括逼真的畫作、漫畫風格的繪畫或簡單圖畫。根據書籍特性選擇適合的畫家。

・攝影師

拍攝頁面需要的照片，包括人物、動物、料理、時尚等。每位攝影師都有自己擅長的領域。

【進度管理、素材管理】

收集足夠的素材也是編輯的工作。根據進度表確認需要的原稿、插圖、照片等素材是否足夠。有時一本書需要的稿件和畫稿總量多達數千件，編輯必須按照頁面妥善保存管理，免得最後一團混亂。

❸確認內容無誤

【閱讀原稿、校對】

製作書籍時，為了確定內容是否正確，在製作過程必須重複確認，這個程序稱為「校對」。首先要做的是以讀者的角度「閱讀」作者的原始稿件。如果發現讀者可能看不懂的地方，可能需要請作者重寫。不僅如此，完成書籍設計，在印刷廠打樣後，還要再次校對，找出錯字或漏字。

通常校對工作不只責任編輯要做，有時還會找其他人校對幾次。若發現錯誤就用紅筆寫出需要修改的地方，此時須使用專用的校對符號。在完成書籍之前，至少需校對三到四次。

【校閱】

校閱類似校正，但稍有不同。校閱不只要確認文字是否正確，還要確認文章內容是否合理或精準無誤。舉例來說，「北海道縣廳所在地是札幌」這句話的文字沒錯，但北海道不是縣廳，而是道廳，因此必須改成「道廳所在地」。

若是專業書籍，有時編輯會請專家擔任審訂者；若書籍內容引用其他人的書或電影等，牽涉著作權的問題，就必須與對方交涉，請對方同意我方使用。在此過程中，由不同人反覆確認，才能完成一本淺顯易懂、沒有錯誤、內容合理的書籍。（台灣的出版社較少設立校閱人員，多半由編輯或審定者執行此工作。）

校對範例

書與的歷史與未來 ➡ 書的歷史與未來
（代表刪除）

表出 ➡ 表現出
現（代表插入）

大雄哆啦A夢與（代表順序交換）
➡ 哆啦A夢與大雄

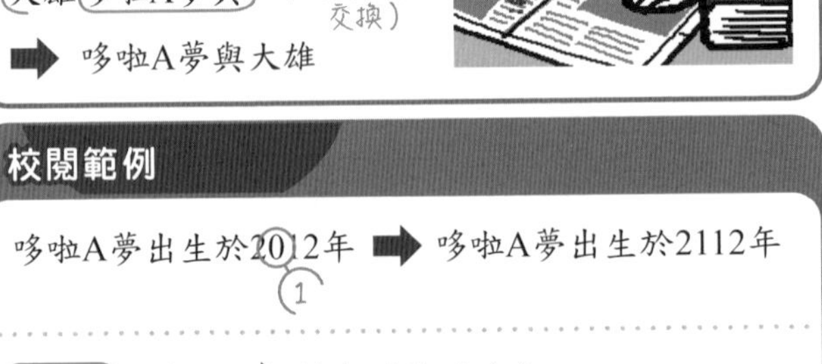

校閱範例

哆啦A夢出生於2012年 ➡ 哆啦A夢出生於2112年
1

東京都川崎市 ➡ 神奈川縣川崎市
神奈川縣

江戶時代的超級編輯——蔦屋重三郎

編輯的基本工作是構思暢銷書的企劃，邀請作家、插畫家等各種領域的專家一起製作書籍。不只如此，編輯還有另一個重要工作，就是「培養作家」。他們必須從門外漢挖掘有潛力的人，培養出未來的專業人氣作家。距今兩百多年前，書籍在江戶時代成為商品。當時有一位超級編輯編出一本又一本暢銷書，培養出一位又一位人氣作家，那名超級編輯就是蔦屋重三郎。

重三郎出生於江戶（現在的東京）吉原，是土生土長的江戶人。他踏入出版業後，出版許多成年人看的黃色封面繪本故事書與錦畫，而且創下銷售佳績。他讓往來的作家和插畫家（繪師）住在自己家裡，照顧他們生活起居，完成一個又一個的嶄新企劃，協助新人出道。

重三郎培養了許多作家，包括當時最受歡迎的劇作家山東京傳，還出版了曲亭馬琴的作品，他就是日後寫出《南總里見八犬傳》的作者。他們的黃色封面繪本故事書與讀物深深吸引許多讀者。不僅如此，他還培養出「喜多川歌麿」與「東洲齋寫樂」兩位新人，他們是江戶時代最具代表性的繪師，畫作經常出現在日本的歷史課本上。

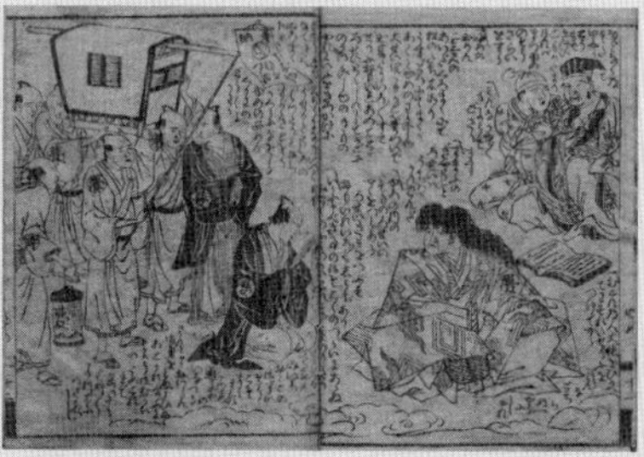

▲重三郎出版的山東京傳黃色封面繪本故事書《盧生夢魂其前日》，這是中國知名故事的二次創作。

影像來源／日本國立國會圖書館數位收藏品

▲人氣演員的首繪（肖像畫）《市川鰕藏之竹村定之進》。作者是人氣浮世繪師東洲齋寫樂。寫樂是重三郎挖掘的新人。

影像來源／美國大都會藝術博物館

▲描繪女性表情的首繪《婦女人相十品》中的〈吹玻璃管的女子〉。這是喜多川歌麿畫的錦繪之一，也同樣是重三郎出版的作品。

影像來源／美國大都會藝術博物館

探索書籍種類與結構

製作精良、容易閱讀的書籍

一般在市面上販售的書籍有一定的形狀、尺寸和結構。這是製書者想要長期保存書籍，並讓書看起來更加美觀，經過不斷嘗試之後的結果。接下來以採用硬紙板封面的「精裝書」為例，介紹書籍的製作與各個部分的功能。

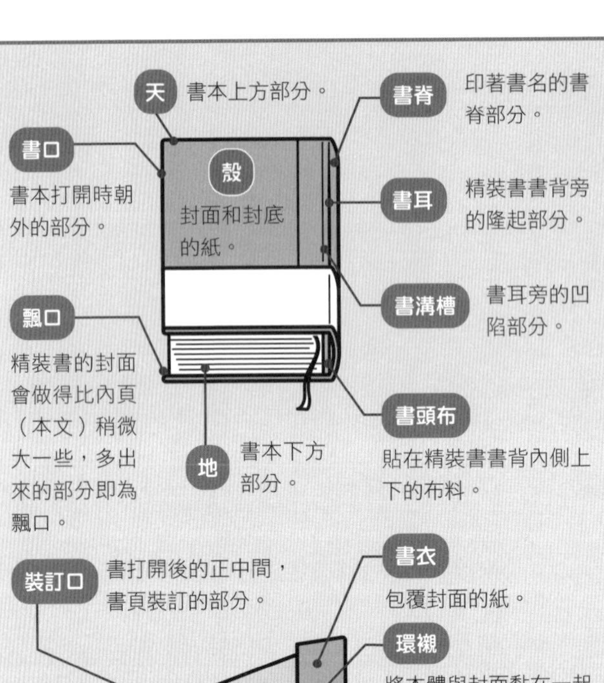

天
書本上方部分。
書口
書本打開時朝外的部分。
殼
封面和封底的紙。
書脊
印著書名的書脊部分。
書耳
精裝書書背旁的隆起部分。
書溝槽
書耳旁的凹陷部分。
飄口
精裝書的封面會做得比內頁（本文）稍微大一些，多出來的部分即為飄口。
地
書本下方部分。
書頭布
貼在精裝書書背內側上下的布料。

裝訂口 書打開後的正中間，書頁裝訂的部分。

書衣 包覆封面的紙。

環襯 將本體與封面黏在一起的紙，兼具裝飾效果。又稱封面裡與封底裡。

書腰 掛在書衣上，寫著宣傳詞的長條紙。

絲帶／書籤帶 可以夾在自己閱讀的頁面，發揮書籤作用。

「精裝書」與「平裝書」的差異

精裝書	平裝書
 〈哆啦A夢科學大冒險〉（日文版）以較厚的硬紙板做成封面的書，書脊的部分可以很容易翻閱。	 〈哆啦A夢知識大探索〉以較軟的卡紙做成封面，大多數漫畫單行本都是採用這種裝幀方式。

●各自的詳細做法請參閱 P151 ～ 152！●

A4？B5？神奇的紙張尺寸

我們通常以A4大小、B5大小來稱呼書籍尺寸，這些稱呼指的是紙張大小。日本出版品的主要尺寸分成A版與B版，將一張大紙摺成數次，可以提高製書效率。紙張尺寸代表的是摺紙次數，以A4為例，就是將A版摺4次。

B版的面積為A版的1.5倍

影印放大倍率為120%

A0約為1m²

A1 A2 A3 A4 A5 A5

841mm×1189mm

B0約為1.5m²

B1 B2 B3 B4 B5 B6 B6

1030mm×1456mm

每次對摺就是下一個尺寸！

1.4倍

B1	728mm	1030mm
B2	515mm	728mm
B3	364mm	515mm
B4	257mm	364mm
A1	594mm	841mm
A2	420mm	594mm
A3	297mm	420mm
A4	210mm	297mm

1

1.4

短邊1：長邊1.4的比例稱為「白銀比例」

【B版與美濃判】

A版是全球共通尺寸，而B版是日本特有的。日本人從江戶時代使用的和紙尺寸稱為「美濃判」，為了裁出接近美濃判的尺寸，才特別制定B版大小。日本的優良傳統創造出適合日本人攜帶的書籍尺寸。

【紙的厚度以重量表示？】

紙張很薄，會以零點數毫米或是微米（一微米為毫米的千分之一）來表示。在印刷業界，紙張厚度則是以「重量」表示，常用單位為兩種。分別是一張一平方公尺的紙為多少公克的「基重」，與五百張同一種紙為多少公斤的「令重」。令重因紙張尺寸而不同。

【B版是從和紙尺寸演變而來！】

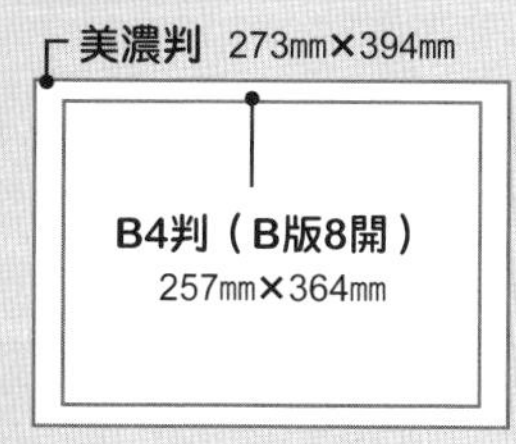

【紙張厚度範例】

	厚度	基重 / 令重
影印紙（範例）	0.09mm	64g / 39.8kg
本書的本文用紙	0.115mm	100g / 60.1kg
本書書衣	0.1mm	120g / 74.7kg

從各種紙張中，找出符合用途的紙。

漫畫家胖妹老師

大雄笑咪咪的，真怪。

給你們看有趣的漫畫。
電視兒童
ふろく
ポスター
9

九月號的〈電視兒童〉早就看過啦。

這一頁看過嗎？
就跟你說看過了……
てれびさん

什麼!?

大雄少年
新連載
野比大雄作

大雄的……
漫畫!!
てれびさん

這種醜得像鬼畫符，亂七八糟的漫畫，
居然能上〈電視兒童〉這種一流雜誌……

總編輯說實在太有趣了，請我務必要讓他連載。
你騙人!!

※拳打腳踢

※啪颯

※喀嗟喀嗟

書的誕生大百科Q&A

Q 根據目前的文獻，全世界最古老的活字屬於哪個國家？①南韓 ②中國 ③日本

A ②中國。十一世紀中葉，中國的畢昇以陶土燒製活字，是全世界最古老的活字。

印刷後就會夾進雜誌中……你們看。

喔……
咦……

老是用這種騙人的把戲耍我們。

你想對大雄幹嘛?!

剛剛動粗是我不好。

我有事要誠懇的拜託你們。
小夫閃一邊去!!

就算一次也好……我想讓克莉絲琪娜剛田的漫畫登上雜誌。

誰是克莉絲琪那剛田啊？
大概是哪個女子摔角選手吧……

那是胖妹的筆名，你們忘記啦!!

報名好幾次新人獎都落選了……

Q 全世界現存最古老的活字書屬於哪個國家？①南韓 ②中國 ③日本

胖妹，你在想新作品的題材嗎？

我想放棄畫漫畫。

我根本沒有天分。
沒志氣!!

才落選幾次有什麼好沮喪的!!哥哥挺你。

這是到目前為止累積的原稿。

全都是傑作，都要登。
登哪本雜誌？

我拿了很多少女漫畫雜誌過來了。

《少女報》、《紫羅蘭》、《璐璐》……
都是一些舊雜誌。

ポコ
ポコ

※喀噠喀噠

A

①南韓。《直指心體要節》是解說坐禪的佛經，也是全世界最古老的活字書。由於東洋使用的文字數量過多，活字印刷並不普及。

※巧克力公主

※克里絲琪娜剛田

這是上個月的。
對啊。

打電話給編輯部。

要跟人家道謝啊，
我也想知道讀者的反應。

不行，這樣不行。
為什麼不行？

總之你先等一下。

幫我想辦法！
能有什麼辦法啊……

這種謊話不可能繼續下去的。
坦白跟她說只是開個玩笑吧……

我妹妹都高興到哭了，
現在我哪說得出口！

「假冒通話電話」。

書的誕生大百科Q&A

Q 第一個讓活字印刷在日本盛行的人是誰？①織田信長 ②豐臣秀吉 ③德川家康

※鈴鈴

Ⓐ③德川家康。根據文獻記錄，豐臣秀吉出征朝鮮時，將銅製活字帶回日本。德川家康仿製朝鮮活字，製造十一萬顆銅製活字。

Q 將漫畫標題設計出眾的標識稱為什麼？①LOGO ②LEGO ③FONT

※驚

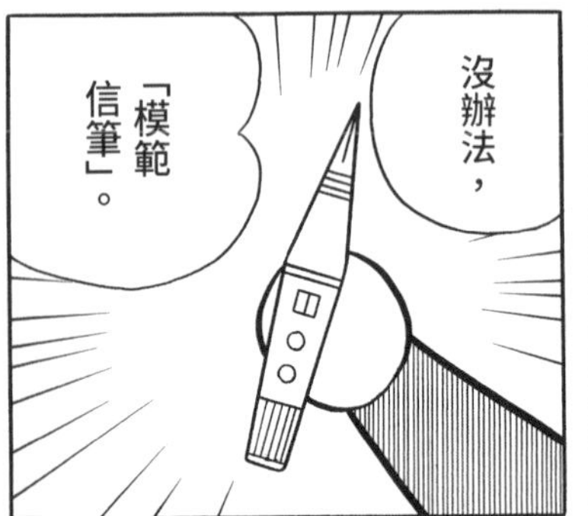

A ①LOGO。幾乎所有標題LOGO都是設計師精心設計的，投稿漫畫時，不需要畫出標題。

※舔一舔糖果糖果　※日出處就是天氣　※安柯洛莫娜的故事

在《瑪加麗特》、《少女好友》……
《你好》雜誌上都有刊登。

等收到稿費之後，要蓋個像城堡的新家。

那種事我們也幫不上忙啊!!

這樣我回不去了。

冷靜下來仔細看看……

這種漫畫居然能登上雜誌。

全都是模仿職業漫畫家的畫嘛。
這不是我想畫的漫畫。

我想直接聽聽……
讀者的看法。

編輯部嗎？我是克莉絲琪娜，那種作品我沒資格拿稿費。

我要從基礎重新努力學習，請當作我沒投過稿。

了不起……胖妹……不對，是克莉絲琪娜老師。

配合內容與讀者，設計出適合頁面

設計師的工作是將編輯拿到的插圖、照片和文章等元素，設計成完整的「頁面」。而且要配合讀者年齡與作品內容，決定文字大小與配置。

設計可以改變書籍風格

左邊兩個都是小說《哆啦A夢：大雄的月球探測記》的封面。內容完全一樣，但封面設計截然不同。上圖的封面使用電影版動畫的彩圖，大大的標題LOGO十分華麗。相對的，下圖的封面則是以黑色星空為主體，在代表月亮的圓形插圖中，使用了漫畫線條，標題文字給人沉穩的印象。

事實上，上圖是以兒童為目標族群的Junior文庫，下圖則是給大人看的文庫書籍。雖然內文相同，但為了配合讀者特性，透過設計改變插圖與文字的配置和外形，這就是「平面設計師」或是「設計師」的職責。他們必須與編輯討論，了解編輯想做出什麼樣的書，再具體實現編輯的想法。

小說《哆啦A夢：
大雄的月球探測記》
雙封面設計

▲日本小學館 Junior 文庫。採用電影版動畫插圖，讓看過電影的小朋友也想買小說來看。

▲封面設計較為沉穩，符合成年人的喜好，讓作者也就是小說家辻村深月的忠實讀者也會被吸引想買來看。

簡潔？活潑？不同的書籍印象

插圖尺寸、文字種類和大小、使用的顏色多還是少等元素，能完全改變封面意象。一般來說，顏色較多，留白較少，版面塞滿的感覺給人較活潑的印象；顏色較少，留白較多，版面有很多空間的感覺則給人沉穩的印象。設計師會利用各種效果打造令人難忘的設計風格。

《哆啦A夢》書籍的豐富設計

▶在廣闊天空飛翔的小小哆啦A夢與大雄。這是一本以「短歌」為主題的書。

▶彩色插圖的背景使用鮮豔色調，讓畫面充滿歡樂感。

▶刻意採用單一色調插圖，標題字體也縮小的作品集。

▶特大的「英語」兩字，讓讀者一眼就知道這本學習漫畫的主題內容。

活潑 ⟷ 簡潔

「字體」真的可以改變印象

書籍使用的文字形狀稱為「字體」、「字型」。台灣過去常用的基本字體是「標楷體」和「明體」兩種，本書內文用的是細黑體，可讓直書文章簡潔易讀。不過，標題用的是粗圓體。粗圓體的字型較粗，感覺強勁有力，十分搶眼。坊間的字體很多，包括偏圓、有稜有角或類似毛筆字的字型，選擇相當多元。不同字體能使相同文章呈現不同印象，設計師會依照頁面目的選擇使用。

不同字型的視覺效果……標楷體
不同字型的視覺效果……明體
不同字型的視覺效果……黑體
不同字型的視覺效果……圓體
不同字型的視覺效果……勘亭流體

▲各種字體範例，有時候設計師也會自行創作新字體。

讓書籍更容易閱讀的製作巧思

調整文字大小與配置

頁面的各個區塊都有名稱與作用。位於頁面開頭處的是「大標」，作用是提示該頁內容，因此會採用又大又搶眼的字體。大標之後是「導言」、「小標」、「本文」、「圖說（說明文字）」等，各有作用的區塊。要將圖片和插圖配置在哪裡，是由編輯與設計師調整決定。

此外，一行如果塞入過多文字，讀者容易感到吃力，因此本系列〈知識大探索〉的本文採用上下兩段的格式。決定本文配置範圍即完成「版心」。插圖可以超出版面，但本文一定要完全配置在版心裡。版心寬度則依書籍尺寸與讀者年齡層而異。

小知識　「Q」是表示文字大小的單位

印刷文字的大小在日本是以「Q」來表示。一Q的尺寸為零點二五公釐，由於是一公釐的四分之一，英文為Quarter，所以稱為Q。本書的本文字級為十四Q，一個字為三點五公釐。以台灣的字級分級為十級字。

9Q

11Q

12Q

14Q　本書的本文字級

24Q

「排版」是將頁面統合成印刷形式

配置文字與插圖，完成上色並放好圖片後，即完成頁面設計。將書籍元素統整成可以印製成紙本書的作業步驟，稱為「排版」。現在幾乎所有設計師都是透過電腦完成排版，因此最後印出來的版面會和電腦上看到的頁面一模一樣。

▲設計師透過電腦的專用設計軟體完成排版。

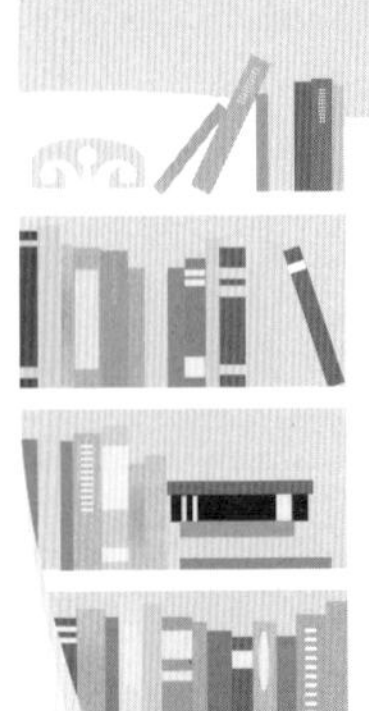

頁面各個區塊的名稱與作用

文章的各個部分都有不同作用，
特以本書第 40 ～ 41 頁為例說明。

眉標
提示章節名稱。若是辭典或使用說明書，通常會在書口印製色標（索引），方便讀者查詢。

色標

小標
提示各區塊內容的小標題。

大標
提示整體頁面的內容，以尺寸最大的文字讓讀者一目了然。

本文
闡述具體內容的文章。

導言
接在大標後，導引本文的短文。

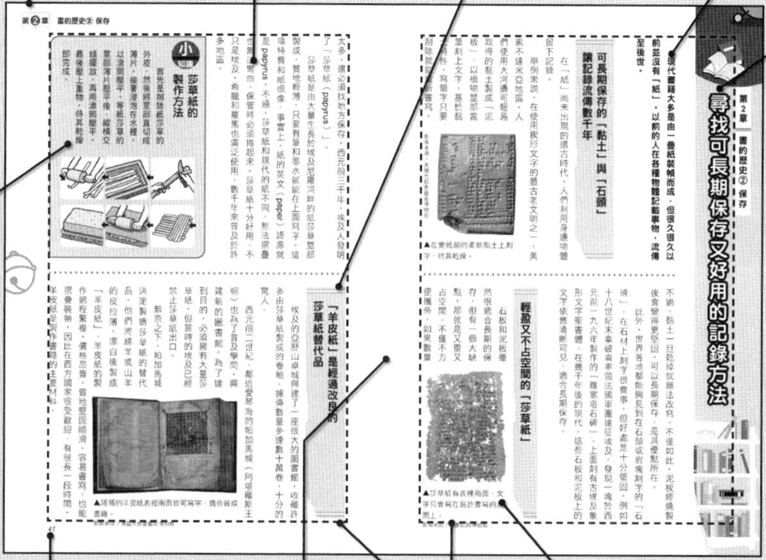

頁碼
頁面編號。

專欄（box）
對於本文的補充或介紹相關資訊。使用比本文略小的字級。

內邊
正中間的留白處。如果沒有內邊，閱讀起來相當吃力。

版心
本文須放在此範圍內。

圖說
說明圖片內容的短文。使用字級較小也容易閱讀的黑體。

引導視線，提升易讀性
巧妙利用排版技巧，讓讀者的視線按照編輯設計的順序移動。基本上，縱向排版的書籍採用 N 字型，橫向排版的書籍採用 Z 字型。以搶眼的大標為起點，考量圖片和專欄的配置位置。

橫向排版Z字型

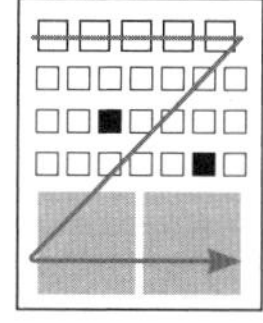

縱向排版N字型

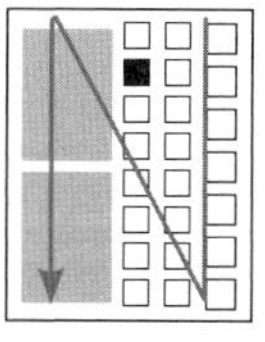

配置文字與圖片的「組版」歷史與「排版」的演變過程

活字印刷在明治時代傳入日本，其組版方式是由撿字員從架上撿取正確的金屬鉛字，依照文章內容，將一顆顆鉛字依序放入木盒。放著鉛字的木盒內部尺寸即為「版心」。日文除了平假名和片假名之外，還有大量漢字，很難製作各種字體的鉛字。由於這個緣故，當時可以發揮的設計巧思也有限。

直到一九二五年，日本開始使用「照相排版機」（俗稱「照排」）。照相排版是將文字底稿拍成照片即可印刷，因此只要一開始做出文字形狀，就能放大縮小，或是做成斜體字。將需要印製的內容貼在底稿紙上就能「排版」，可變化出各種不同的文字配置。照相排版讓頁面設計變得更加豐富，日文字體也自此百花齊放。

不僅如此，透過電腦設計版面在二十世紀末興起。電腦普及後，硬體性能進一步提升，廠商開發出專用軟體，印刷廠也加速數位化的腳步。設計師可以透過電腦上色，即時調整文字大小，讓頁面編排更加靈活，設計出更多樣的版面。由於最後印製出來的成品與電腦排版的結果一樣，設計師可以輕鬆的與編輯討論版面設計，再將電子檔傳給印刷廠即可，是其優點所在。

▲撿字的情景。將原稿放在字盤下方，從架上撿取正確文字，將一顆顆鉛字放入木盒。

▲在照相排版的時代，將文字貼在底稿紙上排版，再用紅色鉛筆寫下印刷指示。

影像來源／日本印刷博物館

先睹為快

Q 在謄寫書籍的年代，怎麼做更有效率？①接力謄寫 ②將原書拆開謄寫 ③只謄寫重要場面

※歪博士與機器娃娃

我爸爸跟出版社的社長是朋友，所以就跟他要了打樣頁面。

A ②將原書拆開謄寫。將原書拆分成幾個部分，由不同學生謄寫後再統合成一本書。稱為「The pecia system」。

我這次就特別給靜香跟胖虎看吧。

哆啦A夢。

拿出「和出版社社長是朋友的爸爸」給我。

什麼是機器娃娃啊？

你不知道嗎？那是現在最受歡迎的漫畫耶。主角是一個機器人小女孩。
機器人？跟我一樣嗎？

人家才不像你長得跟狸貓一樣，她很可愛又很厲害……
生氣！……

我想搶先看到漫畫的後續，你幫我……
你怎麼了？
哆啦A夢！

我惹他生氣了。
這下糟糕了……

對了！
坐「時光機」去看未來的漫畫雜誌就好!!
「時光機」的鑰匙被拔起來了。
你真是壞心眼耶。

我不會這麼輕易放棄的。

最早知道機器娃娃劇情的應該是……作者島山名。
接著應該是幫忙作畫的助手。

我要去當島山老師的助手。
老師住在哪裡呢？

對了！這個人也是漫畫家。
不二夫

我很忙，不會幫你簽名的。
我也不要。告訴我島山老師的家在哪裡。

我怎麼會知道!!
二子

Q 日本第一個從事活字印刷的本木昌造，在明治時代以前是做什麼的？①金屬工匠 ②口譯家 ③醫生

A ②口譯家。本木昌造原本在長崎從事荷蘭語口譯，曾經想過印製自己做的荷日辭典。

果然不行……真不甘心。

※哈哈哈

機器娃娃好好看喔。
真想趕快看到下一期。

太好了。哆啦A夢想看的話，事情就好辦了。

用衛星實況繼續看畫完的原稿吧。

拍到了！
這裡是島山老師家！
給我看。

《少年高麗菜》先來的。
是我們《少年假期》!!
《少年JUMB》。
《少年巨無霸》。
給我閉嘴。
《電視兒童》的還沒好嗎？

根本毫無進展。
這樣怎麼畫得下去啊……

書的誕生大百科Q&A

Q 日本哪個產業將「照相排版」實用化，成為活字之後的重要印刷技術？①鋼鐵 ②製藥 ③印刷

A ②製藥。星製藥利用照相排版製作自家公司的宣傳報紙。由公司員工森澤信夫完成實用化工程，並申請專利。

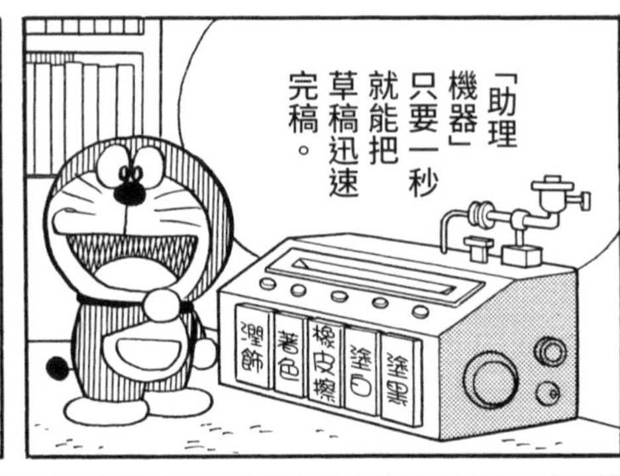

※揉揉、拍拍

※嘩啦

書的誕生大百科Q&A

Q 以下哪位名人習慣製作超華麗書籍送給其他國家的王公貴族？①路易十四 ②拿破崙 ③莎士比亞

A ②拿破崙。據說拿破崙愛看書，無論去哪裡都會用馬車載許多書，帶著行動圖書館一起打仗。

※振筆疾書

ザザッ
スラスラ
チャプ
カリカリ
パッパ

可以加速到快幾百倍喔。
カチ

哇！源源不絕~

吃晚飯囉。

下星期的也好好看。
下下星期的也是。
之後的也是。

這裡有一年份的連載喔。
我畫這麼多啦？

看太多也很累。
今天就到此為止。

我可以玩一年囉!!

哇!耶~!!

我告訴你們機器娃娃接下來的劇情吧。

不要說!說了就沒意思。
就是說啊。

搶先看完了一年份,還真是無聊耶。

經過印刷、摺疊、裁切等作業，做出一本書

客戶交付電子檔後，印刷廠的工作是處理電子檔，製作印刷用的「版」，並將內容印在紙上。印刷完成的紙張經過摺疊裝訂，就能完成一本書。在這一章，一起來探索這一段作業過程。

在印刷廠看專家們大展身手

印刷廠有大捲的紙、油墨槽，還有大型印刷機。不過，並非作業員裝好機器，按下按鈕就完成印刷作業。同一種油墨印在不同紙質上，會呈現不同色調。紙張和油墨容易受到氣溫與溼度的影響，為了維持良好的印刷品質，現場作業員必須隨時微調，完成工作。經過幾次試印後，進入正式印刷的階段。在此階段，作業員必須仔細檢查印刷品的品質。印刷完成後，就要摺紙、裝訂，最後做出一本美麗的書。

「製版」是將電子檔做成印刷用版的步驟

設計師將排版完成的設計檔（電子檔）寄給印刷廠，這個動作稱為「進稿」。印刷廠確認檔案無誤後，第一步是製作印刷用的「版」，這項作業稱為「製版」。常見的「版」有幾種，每種版的材料、形狀和做法都不同。

印刷版的製作方法大致可分成四種。第一種是像印章一樣往外凸起的「凸版」，以凸起處沾附油墨；第二種是利用凹陷處沾附油墨的「凹版」；第三種是在紙張或布料鑽許多細孔，讓油墨從細孔滲出的「孔版」；第四種則是平滑的版經過化學處理後沾附油墨的「平版」。

古騰堡發明的活版印刷，以及江戶時代之前普及於日本的木版印刷，都是「凸版」印刷的方式之一。不過，現代書籍與雜誌的印刷，大多使用「平版」膠印（Offset printing）。

具有代表性的印刷方法

1 凸版（木版印刷、印章等）

・金屬、木頭、樹脂等材料
・以凸起處沾附油墨完成印刷
・鏡像版（左右顛倒）
・適合高速印刷
・版容易受損

印刷用紙
油墨
凸版

2 凹版（照相印刷等）

・利用針在金屬版製造刻痕
・以凹陷處沾附油墨完成印刷
・鏡像版（左右顛倒）
・可印製精密的線條
・製版相當辛苦

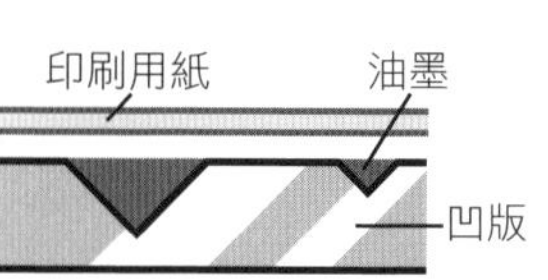

3 孔版（絹印等）

・在布料或紙張鑽許多細孔
・無需使用鏡像版
・紙張以外的材料也能印刷
・曲面也能印刷
・無法混合色調

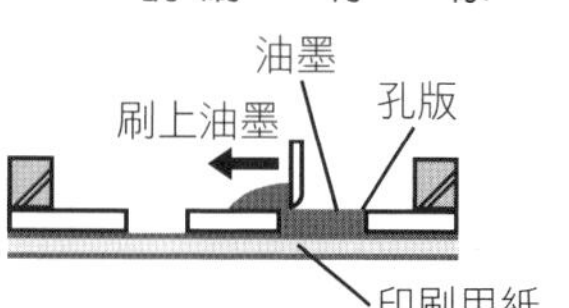

4 平版（膠印等）

・版面平滑，沒有凹凸處
・無需使用鏡像版
・版不會直接接觸紙張
・只能用油性油墨

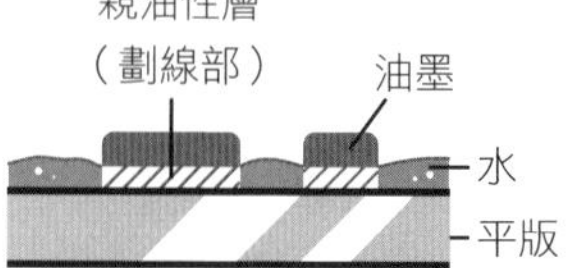

膠印的印刷原理

膠印利用油性油墨不溶於水的性質，印刷版經過化學處理後，水會附著在不印刷的部分，印刷的部分則具有撥水性。先用水沾溼版再刷上油墨，油墨就會沾附在要印刷的部位。

先用橡膠滾輪沾附油墨（off），再轉印（set）至紙張上，「Offset printing」的名稱就是因為這樣而來。由於版不會直接接觸紙，可以減少版的磨損，容易維持印刷品質，是其優點所在。

①先用水沾溼整個版

②塗上油墨

③以橡膠滾輪轉印

④印在紙上

利用點的組合表現顏色深淺

印刷時可以改變網點大小，呈現深淺不同的色調。觀察下圖就會發現明亮處的網點較小，陰暗的深色處網眼較大。將數據轉換成網點的作業程序稱為RIP（光柵影像）處理。

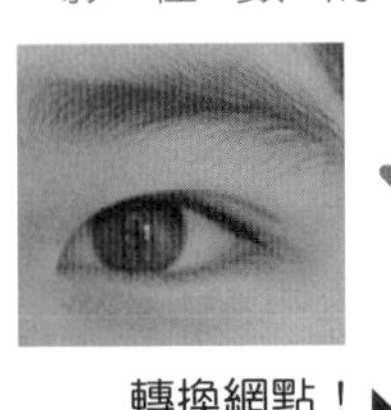

影像來源／yuu/PIXTA

做好分版，只要有四色就能印出全彩印刷品

基本上彩色印刷是由C（青色）、M（洋紅色）、Y（黃色）、K（黑色）四種顏色的油墨混合印製而成。舉例來說，青色加上紅色會變成紫色，青色加上黃色會變成綠色，將色版重疊在一起就能印出各種顏色。為了印出彩色照片，印刷時必須分成四個色版。這個步驟稱為分版。不過，四色版無法印出金色、銀色、螢光色與白色，必須使用特別色的油墨。

色彩三原色

★可參閱刊頭彩頁的彩色照片四色分解示意圖

▲只要四種顏色就能印出絕大多數的顏色。

製作印刷版

完成網點和分版處理後，就要以專門的機器製作印刷版。膠印的版是用鋁薄片製成，將幾個頁面統合在一個鋁版裡，捲在大圓筒上印刷。如果是彩色印刷，必須製作CMYK四個版連續印刷。

▲八頁內容統合在一個印刷版裡，同時製作整體頁面的四色分版。

利用印刷機一口氣大量印刷

印刷機有兩種，一種是使用類似大型捲筒衛生紙的紙張印刷的「輪轉機」，另一種則是以平滑紙張印刷的「平張機」。輪轉機無須換紙，可大量印刷，適合印製數量較多的雜誌。需要精美封面、書衣或畫冊等這類印刷品，比較適合平張機。

水
油墨滾輪
紙張前進方向
版胴
橡皮布滾筒

▲在紙張上下兩處設置印刷零件，可同時印製正反兩面。

每台印刷機都有各自的特性，不同紙張的吸墨性、顯色度也都不同，因此每次印刷時都要改變並調整沾附在絲網版上的水量與油墨量。此時就需要用來校正色彩的「色彩校正紙」。色彩校正紙其實是之前試印的樣本，由編輯或設計師確認（校正）無誤。通常樣本會標示「此處的黃色要鮮豔一點」、「此處要避免顏色混濁，要明亮一點」等說明文字。印刷廠的作業人員根據指示，細微調整油墨流量。由於顏色調整的方式屬於商業機密，每次調整都會呈現出截然不同的色調。就像江戶時代浮世繪的「摺師」，專家的手藝是成品精美的祕訣。

▲上方貼著校正色彩的樣本，可以調整油墨，印出最接近的顏色。

攝影：平林直己　協力：岩岡印刷株式會社、《小學八年級生》

裁切、摺紙，製成小冊

在大多數情況下，每次印刷會同時完成正反八頁，共十六頁，稱為「一摺」或「一台」。依照印刷用紙的尺寸，一台的頁數可能是八頁或三十二頁，但一定是四的倍數。

設計師做好的電子檔是依照順序從第一頁開始排列，但在印刷廠製版時會像左圖一樣分頁處理。接著像下圖那樣摺三次，再裁掉摺痕，就能完成頁碼正確排列的小冊。

右開書籍的範例

正面

5	12	9	8
4	13	16	1

反面

7	10	11	6
2	15	14	3

摺三次後裁切即可完成一台！

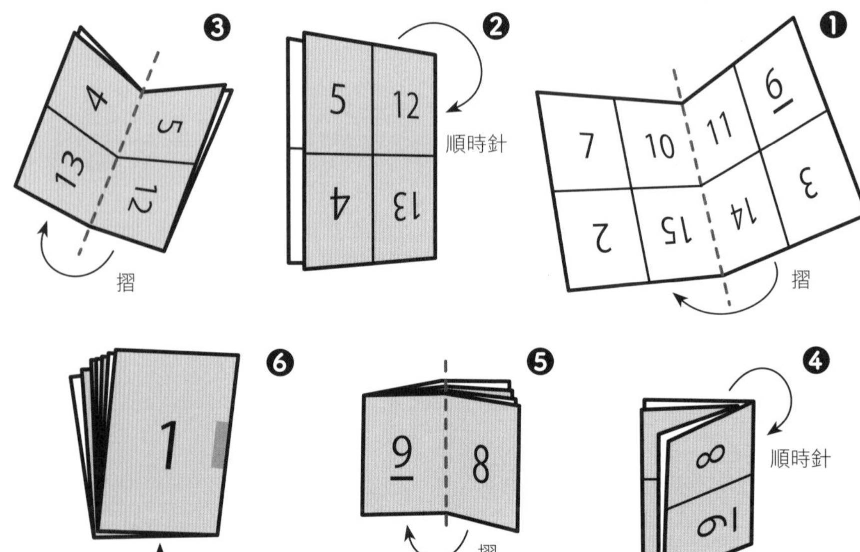

順帶一提，右開本的摺痕（輪）朝下，左開本則朝上。

幾個小冊訂在一起，裁掉多餘的邊

　本書的本文共計一九六頁，包括一台四頁刊頭彩頁，以及六台單色三十二頁。將所有台數疊在一起就能完成一本書，不過，若順序弄錯，就會出現台數缺漏導致「缺頁」，或台數位置放錯導致「錯頁」等情形。因此每台的書背都有方形「背標」，方便確認裝訂順序是否正確。右頁圖中第一頁與第十六頁之間的長方形色標就是背標，每台的背標稍微錯位，只要按照順序排列，背標就會呈現階梯狀，一目了然。

　將一本書的所有台數依序排列後，即可裝訂書背。書籍的裝訂方式有幾種，最常用的是以黏著劑貼合書背的「膠裝」。具體做法是在書背割出幾處小缺口，讓黏著劑更容易滲入紙張。本書也採用膠裝。除了膠裝之外，還有正中間以訂書針裝訂的「騎馬釘」，這是週刊雜誌常用的裝訂方式。以及現今商業書籍幾乎不用的「平邊裝訂」。

　裝訂完成後，將書背以外的三邊以銳利的裁切刀切掉，此步驟稱為「三邊裁切」。跟本書一樣的軟皮書稱為「平裝書」，連同封面完成裝訂後再切掉另外三邊。

◀缺頁

◀錯頁

◀將背標按順序排列整齊

封底

背標

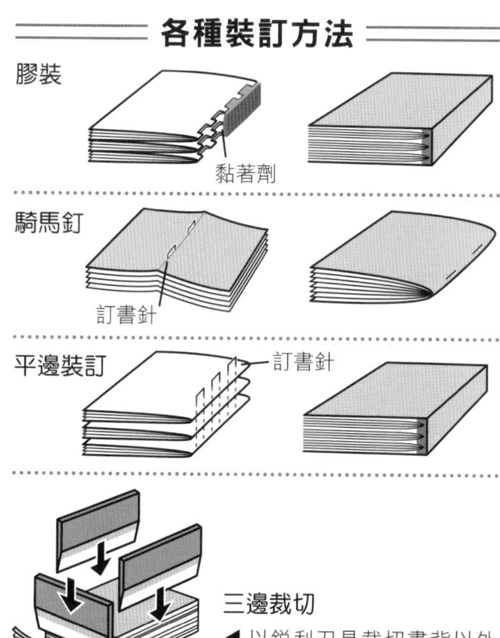

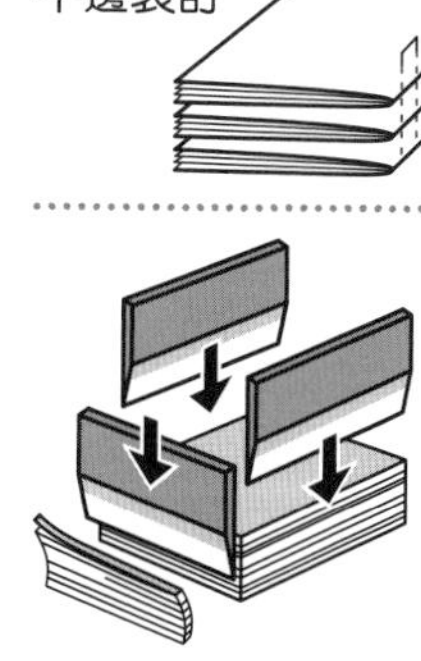

三邊裁切

◀以銳利刀具裁切書背以外的三邊，讓成品更加美觀。

搭配厚紙封面的精裝書

先將本文小冊（所有台數）與蝴蝶頁（環襯）裝訂在一起，再黏上比本文大幾毫米的厚紙封面，即可完成精裝書。由於這個緣故，精裝書的製作步驟比平裝書多，而且更為堅固耐用。書背附近有一條凹陷處稱為「書溝槽」，這是為了方便打開硬紙封面而做的必要設計。每一本精裝書都有書溝槽，各位不妨親自確認。

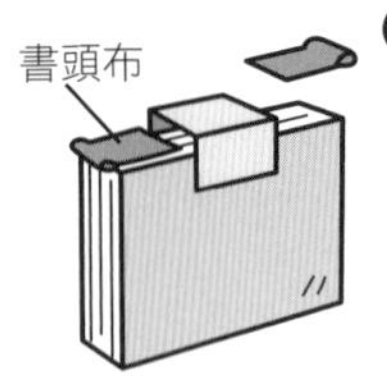

在本文書背刷上黏膠後，再加上書頭布裝飾。

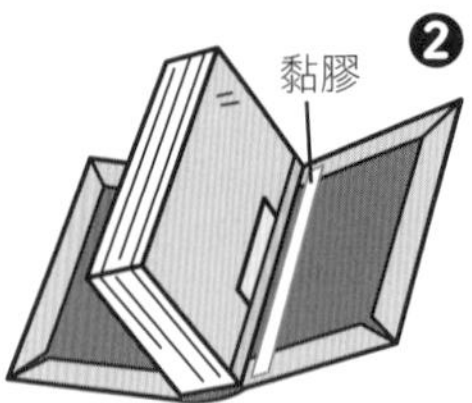

在內邊刷上黏膠，貼合本文。

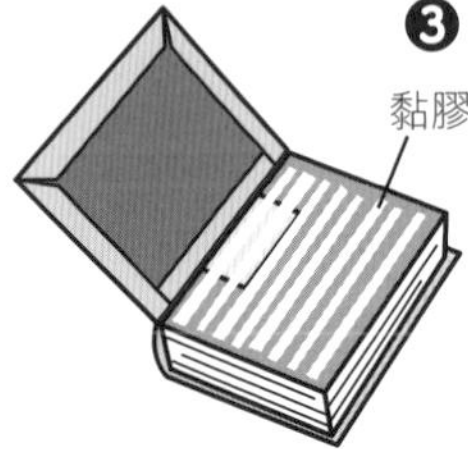

將蝴蝶頁和硬紙封面黏在一起。

將熨斗按壓在書背兩旁，做出「書溝槽」。

❺ 完成！

書衣與書腰是日本特有文化

無論是精裝書或平裝書，一般都會套上書衣並加上宣傳用的書腰。不過，國外的書籍並非都有書衣和書腰。

另一方面，日本的書腰與書衣可說是藝術作品，甚至還出了「初版特製書腰」、「替換用書衣」，深受忠實讀者喜愛，忍不住收藏。

▲本書日文版的書腰與書衣。事先了解書腰遮住的地方，將重要資訊印在書腰上。

小知識　線裝書用針線固定書籍

在膠裝普及之前，最常使用的裝訂方式是線裝（穿線膠裝），以針線縫合所有台數。直到今日，線裝仍是常見的裝訂法。線裝書的特性是很耐用，適合長期保存，也很容易翻閱。

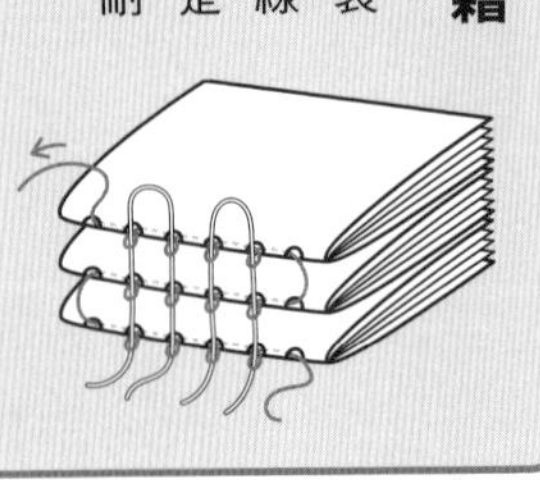

豐富又精美的「裝訂」與「裝幀」世界

「裝訂」的作用是統合書的外觀（封面和書衣），「裝幀」則是包括用紙、印刷方式在內，對書籍進行整體設計的工作。裝訂與裝幀是讓書籍既美觀又耐用，可以長久保存的重要步驟。書衣通常有一層樹脂薄膜或清漆，可以避免書被弄溼或弄髒。本書的書衣也是先貼上一層PET薄膜，讓它兼具美觀與保護功能。

《THE GENGA ART OF DORAEMON 哆啦A夢擴大原畫美術館》將複製原稿與書冊收納在盒子裡。盒子中間有一個方形鏤空處，可以看見裡面的圖案，利用凹凸不平的紙張表面呈現漫畫的線條。凹凸圖案是用凸版印刷的版，按壓樹脂製透明箔，使紙張凹陷製成的，「GENGA ART」文字則是閃亮金箔。採用這類加工方式時，紙張必須厚實硬挺。發揮創意的設計師與印刷廠的印刷總監必須一起合作，決定適合的油墨、紙張和印刷方式。

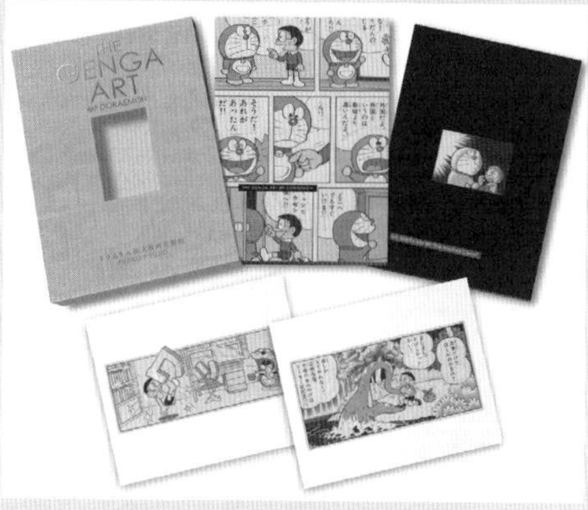

《THE GENGA ART OF DORAEMON 哆啦A夢擴大原畫美術館》

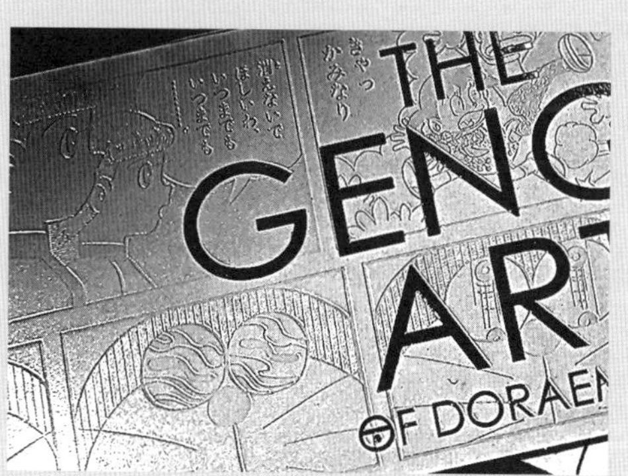

▲《THE GENGA ART》的外盒。從中可以觀察到以凹凸表現漫畫線條，正中間的洞是用金屬刀刃做的「刀模」按壓後切割出來的。由於是與紙張一樣按照上透明箔→金箔→壓刀模的順序加工，製作時必須全神貫注，避免箔受損。

惡魔護照

不行！
為什麼嘛？只是早三天，先拿一部分零用錢嘛。
只有三天，就再忍耐一下吧。
漫畫隨時都可以買啊。
那本漫畫超受歡迎耶！三天內就會賣光了啦。
！
對了！
我先拿走，三天後再還回去就好了。

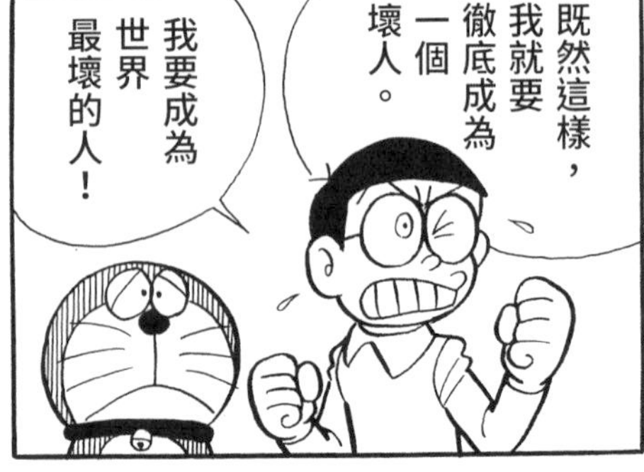

書的誕生大百科Q&A

Q 有些書店架上的書外面包著一層膜，請問這層膜叫什麼？①收縮膜 ②噴射膜 ③包膜

※秀出

※閃亮

A ① 收縮膜。現在有些書店會刻意拆掉收縮膜，方便消費者試閱書籍內容。

書的誕生大百科Q&A

Q 書店店員必備用品包括美工刀、筆記本，以及下列哪一項？①放大鏡 ②鑷子 ③手套

A

③手套。由於紙張容易割傷手，因此書店店在上架書籍時最好戴手套保護雙手。OK繃也是必需品。

※吁～

沒關係，把錢包整個拿去吧。
ホッ

先拿一千圓就好了。

萬歲！

太棒了，不管做什麼事都沒關係耶。
那就盡情做壞事吧。

比如說……就算搶走銀行所有的錢也沒關係，
看不順眼的人，就算把他殺了……也沒問題。
甚至還可以征服全世界！

不過剛開始，還是從小事開始吧！

※踢

是我踢倒的，
妳有什麼意見嗎？
沒有。

※四處亂踢

※揍、揍

書的誕生大百科Q&A

Q 奈良時代國立圖書館的資料如今仍保存在日本的哪一個機關？①文化廳 ②宮內廳 ③特許廳

※暢銷書特賣

※貝爾德佳

A ②宮內廳。宮內廳有一個部門稱為「書陵部」，專門收藏天皇家族流傳下來的古書文件，可供民眾閱覽借閱。

Q
圖書館的書籍清單稱為什麼？①書誌 ②目錄 ③帳簿

A ② 目錄。現代圖書館都會製作藏書目錄，放在網路上供民眾搜尋。

第9章 如何將書交到讀者手上

書籍窗口——書店的工作

書店不只是買書的地方，也是人們與書籍相遇的重要場所。各位知道書店店員平時做什麼工作嗎？他們又花了哪些巧思，以完成自己的工作？

書店店員從早忙到晚才能將大量書籍交到讀者手上

書店每天一早就忙著進貨，包括新書、雜誌和訂購的現有書籍。收到貨品之後，店員還要分門別類，將書放在書架上，等營業時間一到就能迎接客人進門。簡單來說，書店店員一早就很忙碌，他們有時還要將贈品夾在雜誌裡。

書店開門後，店員不只要在收銀台為消費者結帳，還要幫客人找書，將賣不完的書籍退給出版社，訂購售罄的書籍等，要做的工作相當多。雖然一本書很輕，但好幾本書疊起來就很重，因此書店店員必須具備一定的體力，才能負荷在店裡來回搬書的需求。

販售大量書籍的書店是傳遞資訊的基地

走進書店的消費者形形色色，有些人是來買特定書籍，有些人則是進來逛逛，看看有沒有什麼有趣的作品可以買。書店為了吸引客人，也會想盡辦法調整架上書籍，讓消費者一眼就看到自己想買的書。不僅如此，書店會將話題作品放在顯眼的地方，在店裡張貼POP海報宣傳新書，有時候還會邀請作者，在店裡舉辦簽書會等活動。

簡單來說，書店不只是賣書的地方，也是讓讀者與書籍相遇的地方，提供人們有趣和有用的資訊。為了做到這一點，書店店員每天都要花費許多心思，做好自己的工作。

▲各位是否曾在書店看過這類宣傳書籍特色的海報？這種宣傳海報稱為POP。

書店陳列架充滿巧思

各位是否注意過書店陳列架上的書籍擺放方式？書店店員費盡心思，讓消費者一眼就看到推薦書籍，並將剛上市的新書放在最容易拿取的地方。

吊掛看板

本月新書區

POP或明信片（贈品）

立面
呈現封面的陳列方式。

架上陳列區
將書放在書架上，讓消費者看到書背。

宣傳海報文宣
出版社提供的小型宣傳海報。

平台
封面朝上，堆疊書籍。

▲每間書店的陳列方式都有各自風格，多逛不同書店，欣賞不同書籍也很有趣。

絕對不能順手牽羊

順手牽羊是竊盜，也是犯罪行為，會造成書店與作者極大損失，各位絕對不能以身試法。

每賣出一本價格一千日圓的書，出版社約賺兩百日圓、書店賺兩百二十日圓、經銷商賺八十日圓左右（剩下的五百日圓是紙張、印刷和物流費用等）。書店利潤約為未稅價格的五分之一，若是被偷一本書，必須賣出五本相同書籍才能彌補虧損。有些書店甚至因為順手牽羊太過嚴重而倒閉，真的很遺憾。

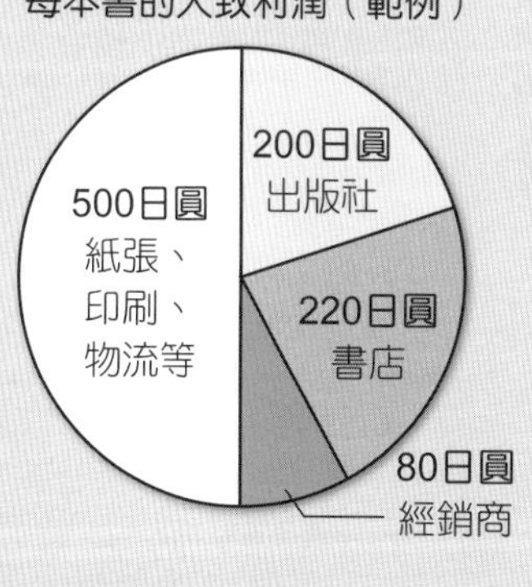

不僅如此，用手機拍攝書中內容而不購買的「數位小偷」行為，近來成為備受困擾的問題。各位千萬不要這樣做，別讓辛苦工作的書店和作者蒙受損失。

數據引自《出版營業手冊基礎篇　改訂二版》（岡部一郎著／出版 MEDIA PAL）。
※ 刊載的比例只是其中一部分。數據會因印刷本數與出版社不同而有極大差異。

「經銷商」是出版社和書店的橋梁

日本約有三千家出版社與一萬家左右的書店，每年處理的書籍數量約為二十億本。包括既有書籍在內，約有八十二萬本書在市面上流通※，由販售商處理書籍的進出貨、物流運輸、貨款收支等業務內容。經銷商則在出版社和書店之間扮演橋梁的角色。

經銷商通常在出版社較多的首都圈設立物流中心，利用貨車、火車、船舶等工具運送書籍至全國各地。除了離島稍微晚一點之外，基本上經銷商必須配合發行日，將書在同一時間送到全國各地的書店。依照書店分類，將新書、舊書等各種出版品裝箱運送。

※ 數據引自《一本搞懂出版流通機制 2021-22 年版》（MEDIA PAL）。

全國各地的書籍價格皆相同

蔬菜和電器製品在不同店家會有不同價格，但無論是哪一間書店，同一本書的價格都是一樣的。書是提升國民文化，深化國民教養不可或缺的工具，為了讓所有人都能在相同條件下讀書，日本政府規定全國各地的書籍售價必須統一，稱為「再販制度（再販售價格維持制度）」。（台灣目前沒有實行此制度。）

書店的書都是出版社寄賣的？

每個人覺得有趣，想要閱讀的書籍都不同。書店不只要販售「多數人想讀的人氣作品」，還要陳列各種類型與內容的書籍。「委託販售制度」※就是協助書店豐富店內商品的幕後推手。事實上，書店陳列的書籍都是出版社寄賣的，當書沒賣完，書店可以在一定期間內退貨。各位別擔心，書店不會胡亂退貨，但此制度讓讀者能在書店接觸到各種書籍。

※ 此制度也有例外情形。

書籍背面也有滿滿資訊

各位是否注意過書籍背面的那串數字？事實上，這些數字隱藏著許多書籍資訊。

那串數字叫做國際標準書號，簡稱ISBN，是全世界一百多個國家地區共通的出版品分類識別碼。只要看ISBN就知道這本書是哪個國家、哪間出版社出版的哪一本書。

多虧有這個出版社共通的分類識別碼，出版社將書籍資訊（書誌）登錄在ISBN平台，供大眾上網搜尋使用，我們才能在每天出版的大量書籍中，立刻找到想要的資訊。此外，我們在書店買書時，店員用條碼機掃的條碼中，就包含ISBN相關資訊。ISBN也幫助出版社記錄哪本書在哪家書店賣出。順帶一提，雜誌與漫畫的商品類型碼與書籍不同，分類在日本特有的「雜誌識別碼」中。

ISBN978-4-09-259209-4
C8676 ¥850E

▼ISBN（International Standard Book Number）的解讀方法

ISBN978-4-09-259209-4

- 978：書籍為978
- 4：國家識別號（日本為4）
- 09：出版者識別號（小學館為09）——每家出版社都有固定編號
- 259209：書名識別號——表示這本書是《哆啦A夢知識大探索 書的誕生大百科》
- 4：檢查號——確認此編號是否為正確的數字

出版社分類書號

C8676 ¥850E

- C：分類識別碼
- 8：兒童
- 6：圖鑑
- 76：諸藝、娛樂
- ¥850：價格條碼——以¥起始的價格為未稅價格
- E：結束符號

上方條碼為ISBN　9784092592094

下方條碼為分類識別碼與價格條碼　1928676008504

▲書籍背面有兩個條碼，分別統整以上資訊。

※ 台灣目前僅放一個條碼，統一包含國際標準碼和價格碼。

傳播文化的幕後推手——圖書館

收集、保存、提供圖書館是網羅知識的場所

日本有超過四萬間圖書館，包括大學圖書館、國小、國中與高中圖書館、由研究機構經營的專業圖書館等。其中最貼近一般民眾生活的，是由各級地方政府設置的公立圖書館，任何人都能就近使用相關設施。日本全國的公立圖書館超過三千間，每年持續增加中。圖書館的作用是收集、整理與保存書籍和資料，並提供民眾閱覽借出。保障人民「獲得知識」與「學習」的權利，也是圖書館的重要職責之一。

攝影：Nacása & Partners 照片提供：（株）OKAMURA

▶越來越多圖書館利用各種空間打造人們與書籍相遇的機會，同時提供人們互相交流的場所。（荒川區立中央圖書館）

明治時代的圖書館只提供給部分人士使用

日本第一間近代化圖書館成立於明治時代，當時需支付入館費用，而且不准女性進入，並非人人都能利用。直到一九五〇年實施圖書館法，圖書館才真正成為眾人使用的公共場所。公立圖書館在此法實施後成立，任何人都能無償使用。

小知識 圖書館的自由

日本曾在戰爭期間，基於不符合國家立場等因素，禁止某些書籍陳列在圖書館中。日本圖書館協會在一九五四年通過《圖書館自由宣言》，反思戰爭期間的行為。許多圖書館也宣揚此理念。

①圖書館擁有收集資料的自由。
②圖書館擁有提供資料的自由。
③圖書館將保護使用者隱私。
④圖書館反對不當審查制度。

※ 數據引自《一本搞懂出版流通機制 2021-22 年版》（MEDIA PAL）。

圖書館管理員是找資料的專家

公立圖書館的管理員須通過國家考試，工作內容包括分類書籍，收集、整理與保管資料。具備專業知識的圖書館管理員，其實也是找資料的專家。當你找不到自己想找的書，或不知道哪本書有自己想找的資料，請大方尋求他們的協助。

此外，任何人在任何圖書館提的問題，例如「江戶時代的一兩可以買到哪些東西？」，圖書館管理員針對問題的回答以及介紹的書籍，都會統整在資料庫裡，供大眾搜尋。當你感到疑問，不妨到圖書館找答案，或是利用上述服務。

▲參考資料協作資料庫是日本國立國會圖書館與全國圖書館一起合作建構的。http://crd.ndl.go.jp/reference/

修復書籍也是圖書館的工作

許多人看同一本書，很容易使書籍破損。所以利用特殊方式修補書籍也是圖書館的工作之一。假設你不小心弄破自己借的書，千萬不能自行用膠帶黏貼，請向管理員坦承，並請求對方協助。

▲修復破損書頁需使用專用膠帶與特殊和紙。

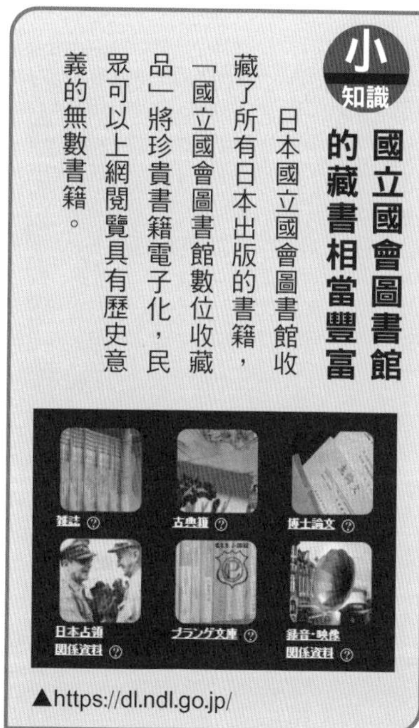

小知識 國立國會圖書館的藏書相當豐富

日本國立國會圖書館收藏了所有日本出版的書籍，「國立國會圖書館數位收藏品」將珍貴書籍電子化，民眾可以上網閱覽具有歷史意義的無數書籍。

▲https://dl.ndl.go.jp/

小知識 日本十進位分類法（NDC）

收藏於日本圖書館的書籍封底都貼著三位數的數字，第一個數字是大分類，第二與第三個數字是進一步的小分類，依照主題分門別類地收納於書架上。

▲舉例來說，貼著「726」標籤的書籍，代表「第一個數字為7＝藝術」，「第二個數字2＝繪畫」，「第三個數字6＝漫畫・插繪・童畫」，漫畫在此分類裡。

※台灣使用的是「中文圖書分類法」做編目分類。

網路書店、咖啡館、飯店，許多地方都能接觸書籍

一九九〇年代隨著網路普及，網路書店問世，如今只要打開智慧型手機的應用程式，用手指點幾下就能買書。

另一方面，人們可以在實體書店享受到「偶然走進書店，找到有趣書籍」的樂趣。現在有越來越多書店利用這一點，精心挑選獨具特色的書籍。

此外，近年來還有書店與咖啡館結合的書店咖啡廳，以及住宿者可以自由閱讀架上豐富藏書的書店旅館。在充滿書香的空間中度過悠閒時光，期待遇見和個人品味截然不同的書籍，這些地方成為愛書人青睞的人氣景點。不只是書店與圖書館，書與讀者的相遇形式越來越多樣化。

書很環保？

近年來全世界都很重視「永續發展目標」，讓我們從三個「R」來思考製書對環境造成的負擔。

・第一個R＝減少（Reduce）

減少指的是減少製造物品時使用的資源量，或製造壽命更久的商品，減少垃圾量。基本上書就像家電製品「不會壞掉」，十分符合減少的概念。此外，為了避免浪費，製書時要思考最適合的書籍尺寸。

・第二個R＝再利用（Reuse）

再利用指的是重複使用不要的物品。書店會將長期賣不掉的書退給出版社，但各位知道其中一部分會換上新封面，再回到書店販售嗎？將褪色汙損的外皮換掉，內文和以前完全一樣，可說是相當環保。不僅如此，現在隨處可見購買別人讀完的書，再賣給其他客戶的二手書店。雖然有人認為在二手書店買書，作者就賺不到版稅，但好處是可將一般書店買不到的舊書，賣給真正想看的人，十分符合再利用的概念。

・第三個R＝回收（Recycle）

回收指的是留下不用的東西，當成資源再次使用。日本舊紙的回收率達百分之八十一點一，利用率達百分之六十六，表現相當不錯。大約從六十年前，日本就已經開始回收漫畫雜誌，製成再生紙。

話說回來，製書使用的紙是用木頭做的。各位可能認為要做書就必須砍伐樹林，事實上，製紙公司都在種植樹林，以滿足造紙需求。不只是日本，世界各國從幾十年前起就持續從事保護森林的活動。近年則致力於品種改良，栽種出成長速度較快，可吸收更多二氧化碳的新品種。

▲沒有樹就無法造紙。為了環境著想，植樹很重要。

※回收率與利用率數據為2021年的資訊。引自公益財團法人古紙再生促進中心「透過數字看見古紙再生」。

百年後的附錄

《小學四年生》2月號，我已經讀過很多遍了。
附錄也玩過了。
那又怎麼樣？

我突然想到了一件事。

你為什麼要逃跑？
反正你一定又想到一些無聊事了吧。

咦？你想看未來的《小學四年生》。
世修應該有吧！你去跟他借啦!!

因為他不在家，我就把它偷偷借來了。
別弄髒喔。
謝啦～～！

2125年的二月號啊。
這是雜誌，這是附錄……
怎麼這麼小啊？

打開圖畫就會變大，不但會動也會發出聲音。
鏘鏘！
鏘鏘～
小四採訪組來拜訪了月球上的宇宙動物園。
ギャース
ギャース
※嘎嘎

連載漫畫是《摸啦E夢和西羅E夢》。

《棒球⚾比賽》。
小安，我一定會三振你的！

《塑膠舞鞋》。
芭蕾舞要用心去跳。

真有趣！來看附錄吧～
「算數名博士」？會不會出現作業的答案啊？

Q 印刷和影印最大的差異是什麼？①是否使用版 ②是否使用印墨 ③是否可大量印製

※撕開

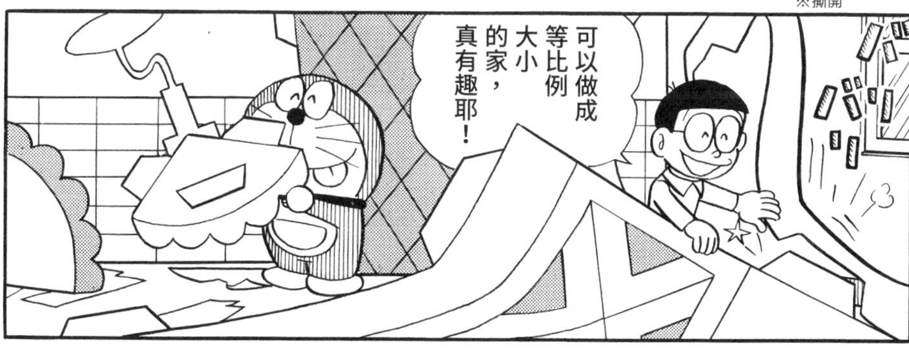

可以做成等比例大小的家，真有趣耶！

連娃娃也是真人大小。

小珍在我們那個時代，是很有名的藝人喔！

居然附了這麼多衣服。

其實這是給女生玩的附錄。

A ①是否使用版。印刷要用版，影印不需要。不過，最近出現的直接印刷也不使用版。

書的誕生大百科Q&A

Q 以下哪個人製造出第一台影印機？①湯瑪斯・愛迪生 ②詹姆士・瓦特 ③尼古拉・特斯拉

※滾、滾

A ②詹姆士・瓦特。瓦特是改良蒸汽機的發明家，據傳他製造影印機的原因是想複印自己的發明。

書的誕生大百科Q&A

Q 日本小學館在一九二二年創業，當時發行的雜誌是小學幾年生？①一年生 ②三年生 ③五年生

A ③小學五年生。從《小學五年生》和《小學六年生》起家，兩年後發行《小學三年生》，三年後發行《小學一年生》等雜誌。

原來是哆啦A夢拿到這裡來了。

我都還沒看耶。
你要拿走嗎？

消失了!?
他是誰啊……

大雄，吃飯了。
你在幹什麼啊？還不快下來！

我想他暫時回不來了，大家都分散在日本各地了。
？

宇宙完全大百科

書的誕生大百科Q&A

Q 在聯合國教科文組織的定義中，不算封面，幾頁以上的冊子才算是書？

①32頁 ②49頁 ③64頁

安全上壘!!
出局!!
我親眼看到小夫滑壘成功!!

不，是我傳球比較快！出局!!

要吵到什麼時候啊？

我的作業還沒寫呢！
我也還沒寫。
我也是。

對了，還有作業。
我要比別人多花一倍的時間。
先回去好了！

我們不需要。

家裡已經有百科全書了。
不，這套不一樣喔。

A ②49頁。這是為了統計需要而做的定義，但只有10頁的繪本也算是「書」。

現在的時代瞬息萬變，舊的百科全書已經變成廢紙了。

最新版的《完全大百科》，收錄所有最新資訊，全套共八十八本!!
完全大百科

八十八本!?
那一定很貴囉！

不會，分期付款的話，每個月只要一點點……

爸爸好像會買的樣子。
他這個人就是耳根子軟。
媽媽回來後一定會大發雷霆的。

那麼，請在這裡蓋章。

我們不需要!!

你看，這些全都是百科全書。
有三套耶!!
連看不懂的英文百科都有!!

書的誕生大百科Q&A

Q 有漢字的「振假名」又稱作什麼？①鑽石 ②珍珠 ③紅寶石

百科全書會有嗎？
什麼都有才叫百科全書啊！

那麼多本……
光看就覺得心情沉重。

大雄怎麼沒回來？
該不會又在睡午覺了吧？

根本就沒有「今天的作業」啊！

爸爸明明說什麼都有……
這怎麼可能嘛！又不是未來的「宇宙完全大百科」。

未來的？也有今天的作業嗎!?

當然，不管多小的事物都有。

我想要!!快點拿出來!!
別說得那麼輕鬆。

因為資訊太多了。
就算是存在光碟裡，也要一個星球那麼大的宇宙空間才夠存放。

A ③紅寶石。凸版印刷時代，英國依照鉛字大小為寶石取名。跟振假名一樣的小字稱為「紅寶石」。

Q 以下哪個是書的天敵？①透明紙膠帶 ②糨糊 ③便利貼

宇宙空間？那不就沒辦法看了？
所以有這個啊！

「宇宙完全大百科終端機」。

宇宙完全
大百科

※嗶嗶嗶、波波

原來是書本造型的機器啊。

按下傳呼鍵。
電波會連上衛星軌道的大百科。
ピコ
ポン
ピコ
ピコ
ピコ

※叮

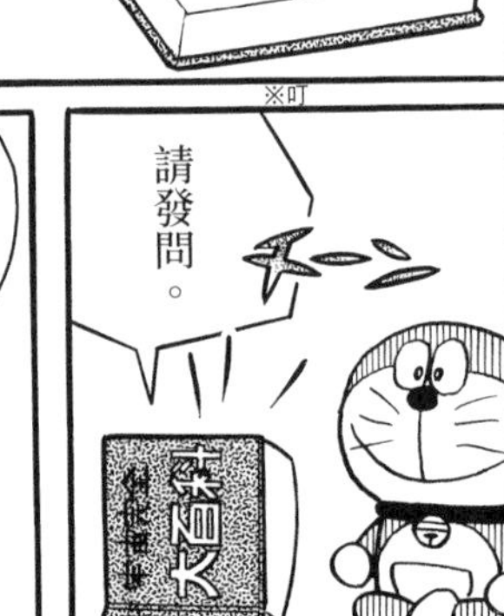

請發問。

想問什麼都可以。
真的什麼都可以？

告訴我作業怎麼寫。

你看，答案出來了。
「作業」

「作業」老師讓學生在家學習的課題。
這是什麼？

A ①與③。透明紙膠帶與便利貼的黏著劑會與紙產生化學反應，接觸時間越久，紙就會變得越脆弱或變黃。

※喀噠、喀噠

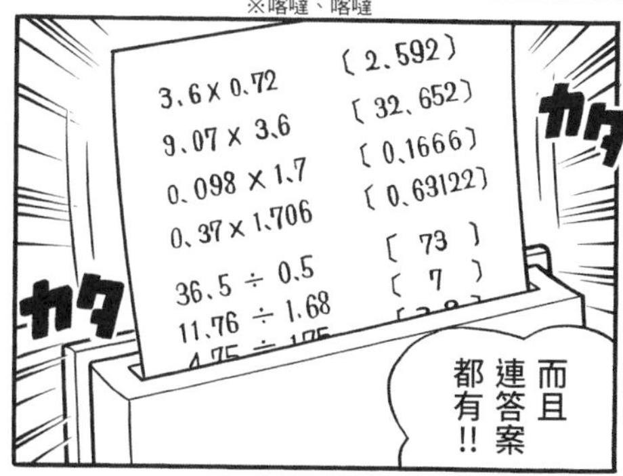

※砰咚、咚噠

看吧，百科全書很有用吧！

警告你喔，
你老是那麼投機取巧……

將來絕不可能出人頭地。

將來……還是先把現在搞定吧！

…還是有點在意。

保險起見，
還是查一下大百科好了。

有了!!
「野比大雄」簡介
カタ
カタ

真不敢相信!!大百科上居然有我的資料!!

「野比大雄」野比玉子的長子。唸書、運動都不行，糊塗、膽小、又遲鈍……

什麼啊!?

Q 雜誌和書籍根據什麼標準分類？①厚度 ②裝訂方法 ③封面和封底

A ③封面和封底。封面和封底的條碼旁寫著「雜誌」二字。順帶一提，漫畫也分類在雜誌裡。

還、還是很在意……

高中呢？勉強及格！大學？重考一年後候補入學。

和源靜香…
結、婚!!

真、真的嗎!?
有沒有照片？證據呢？

有了!!

別的事已經無所謂了……

大雄，胖虎生氣了！

他們用投票表決到底是出局還是安全上壘，結果九比八被判出局。

因為我們球員不夠。
都怪你偷偷溜走了。

這是未來百科全書的正式記錄，還有疑問嗎？

數位改變了「書籍」形式

書籍的旅程從口述開始，從繪畫產生文字，隨著紙張發明，形成了書籍樣式，至今已經五千年。那麼未來的書將會有什麼樣的變化呢？

用手機閱讀的電子書

過去只有紙本書，但這幾年「電子書」迅速普及，讀者可以透過智慧型手機、平板或電腦等數位裝置（載具）閱讀。

電子書的歷史始於一九八〇年代，隨著電腦技術一起發展。不過，當時的網路不如現在普及，實際販售的商品只有事先將資料灌進機器裡的「電子辭典」，和電腦專用的「電子書CD-ROM」。

網路普及之後，建構了可在網路購買和閱覽電子書的系統。二〇〇〇年代，用手機閱讀的小說擠進暢銷排行榜，但智慧型手機問世才是電子書普及的契機。人人都有智慧型手機使電子書市場產生很大的變動，二〇一〇年還被譽為日本的「電子書元年」。

這當中尤以漫畫電子書的成長最為顯著，紙本與電子漫畫的銷量總額高出只有紙本書的年代，在二〇二一年創下最高的歷史紀錄。拜電子書所賜，看漫畫和讀書的人口越來越多。

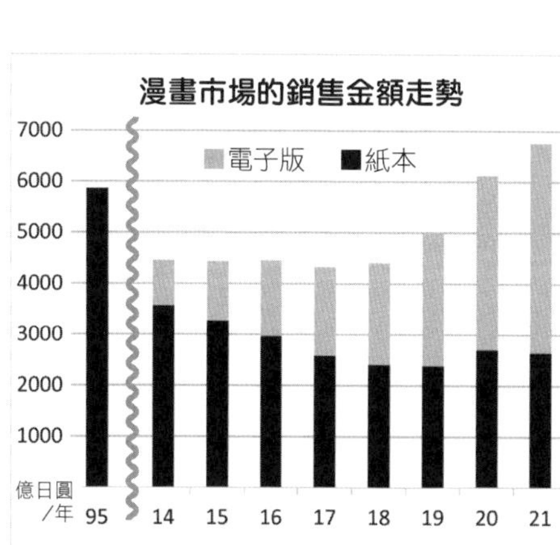

◀從2019年開始，日本漫畫的電子書銷售量超越紙本漫畫。（根據全國出版協會·出版科學研究所《出版月報》2022年2月號的數據製成）

適合智慧型手機的全新型態誕生

電子書剛開始普及時，是將原有的紙本書與漫畫直接做成數位檔發行。智慧型手機的螢幕尺寸比紙本書小很多，文章可以調整字級大小與行數，但漫畫是將一頁做成一個圖檔，用手機看十分吃力。只有格子較大的漫畫較適合用手機看。

在此風潮下，「條漫（縱向閱讀的漫畫）」以全新的表現方式受到各界矚目。以往的漫畫都是以「對開（兩頁）」版面為製作基準，即使要用手機看，通常也是單頁顯示。此外，比起橫向頁面，縱向頁面較適合手機螢幕上下捲動，因此誕生了縱向閱讀的漫畫，也就是條漫。由於漫畫格是由上往下排列，讀者只要捲動手機螢幕即可，感覺像是在看長條漫畫，一邊往上拉出紙張，一邊閱讀，很接近中世紀就有的繪卷（詳情請參照第四十四頁）。

過去的書是由「卷軸」變成「冊子」，現在的漫畫則是配合冊子型態發展出的圖書作品。智慧型手機問世後，再次回到「卷軸」型態。書籍的表現方式受到載體的影響，變得越來越容易閱讀。未來如果出現取代智慧型手機的新載體，相信書籍一定會有更新的演變。

用智慧型手機看漫畫

▲縱向閱讀不僅放大漫畫格，也不需要對開頁的製作基準。

數位科技讓更多人喜歡看書

電子書的好處之一是可以自由變換文字大小。一般紙本書文字較小，不利於眼睛不好的人閱讀，但電子書可以放大字級，視力差的人也能輕鬆看書。

此外，由專業旁白或配音員唸出書籍內容，可以用耳朵聽的「有聲書」也躍上書市舞台。點字書是方便盲人用手觸碰閱讀的書籍類型，有聲書問世後，盲人有更多選擇。不只盲人族群受惠，一般人也能在工作時看（聽）書，真的非常方便。這是紙本書沒有的優點。無論是坐車或做家事，任何人都能輕鬆透過智慧型手機聽書。由於有越來越多人選擇有聲書，出版市場更加活絡。

在書籍尚未出現的時代，人們就是利用口述的方式，以「聲音」代替書本。吟遊詩人與琵琶法師也都是用他們的聲音來傳達故事。隨著數位科技蓬勃發展，「聲音」再次成為書籍的表現型態，令人玩味。

▲在家可開擴音，坐車時戴耳機聽有聲書，雙手無須拿書，在哪兒都能聽。

一本就能印的隨需列印服務

書店販售的「書籍」是先製作印刷版，再透過大型印刷機印製出幾千、幾萬本書，這類印刷方式適合大量生產。如果只想印少量幾本書，一本的單價將非常高昂。

不過，隨著技術進步，現在出現了一本就能印的POD（Print on demand／隨需列印）服務。簡單來說，隨需列印是超高性能版電腦印表機。無須製版，可直接從電子檔印製，做出一本書。善用隨需列印服務，只要有電子檔，即使是舊書或書店買不到的絕版書都能自行印製，而且一本就能印。

若想特別訂製，例如做一本喜愛作家的短篇作品集，也能透過隨需列印實現夢想。

數位科技的進步不只有利於電子書，也讓印製紙本書變得更輕鬆。

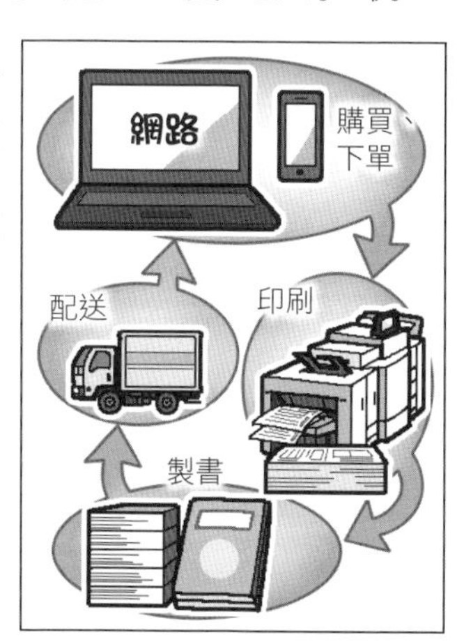

▶可透過個人電腦和智慧型手機訂購書籍，一本也能下單。雖價格較高，但好處是可以擁有實體書。

作者的權利和著作權

書賣得越好，作者賺得越多 版稅回饋機制

實際執筆的漫畫家與作家每發行一本書，就能收到「版稅」收入。通常作者收到的是「發行版稅」，出版商和作者事先談好每本書的版稅比率（金額），再依照印刷數量支付。

當書賣得好，第一次印刷的數量（初版）無法滿足市場需求，就必須「再版」追加印製。再版時，出版商必須再次支付相對應的版稅給作者。簡單來說，再版越多次，作者的收入就會越多。不可諱言的，書賣得好，出版社、印刷廠、書店，所有相關人士都會感到開心，出版社一定會請不斷再版的暢銷作家再出新書。相反的，若書賣得不好，也可能不會再出新作品。電子書也是一樣。到一般實體書店或電子書店購買心儀作家的書，不僅可以閱讀自己想看的內容，也能成為作家的後盾。這個道理類似購買偶像的周邊商品，以實際行動支持自己喜歡的人。

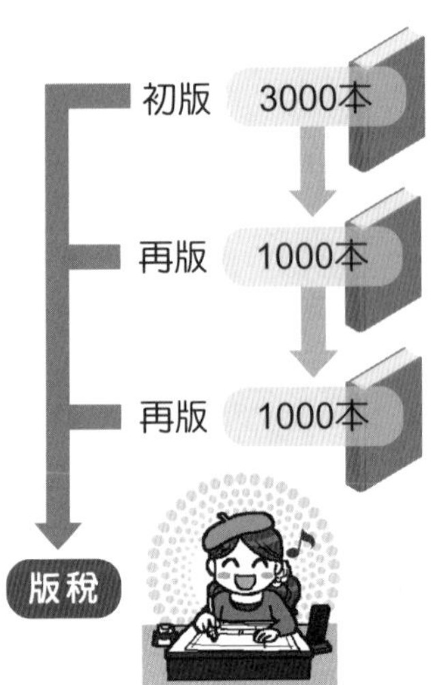

▲書賣得好，每次再版時，作者就會有版稅收入。

看盜版書會使作者失去收入

隨著書籍電子化日漸成熟，衍生出新的「盜版書」問題。盜版書指的是未經著作權人（作者）或出版社許可、任意影印、複製散播的書籍。原本紙本書就有盜版問題，但電子檔更容易複製，只要上網就能散播至全世界，影響程度絕對不能輕忽。二〇一六年有數萬本盜版書流竄，引起極大風波。著作權人與出版社一起公開發聲，呼籲日本政府重視。二〇二〇年，日本通過並實施著作權法修正案。從二〇二一年起，凡是上傳或下載盜版書的人都要問罪咎責。

無論是紙本書或是電子書，只要是透過正規方式販售的書籍，作者都能拿到版稅。另一方面，能透過盜版書賺錢的只有販售盜版書的業者。許多盜版書網站靠廣告收入賺錢，讀者可以免費閱覽。各位聽到可以免費看書可能覺得開心，但盜版書猖獗會使得辛苦創作的作者失去收入，無法再創作新作品。建議各位絕對不要購買與閱讀盜版書。

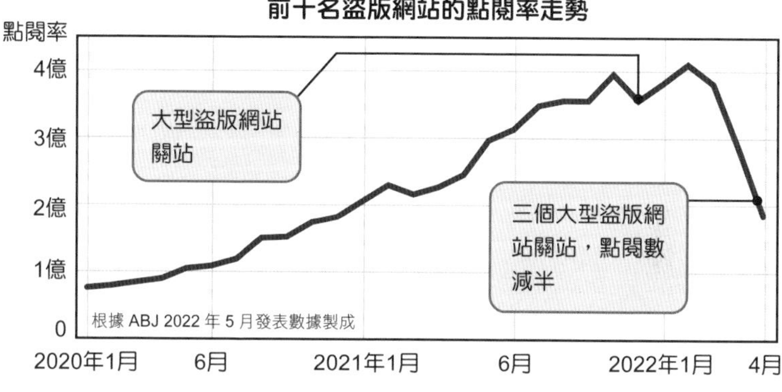

日本的「ABJ」網站提供正版驗證服務，凡是獲得著作權人使用許可的電子出版品，都能在此網站申請認證標章。

Authorized Books of Japan
ABJ
00000000

▲正版服務的ABJ認證標章

小知識 刊載著作權期滿的作品

著作物（書籍與漫畫等創作物）的版權屬於著作人，著作權法規定任何人不能任意使用或販售他人的著作物。

然而，著作權不會永遠存在。各國規定不同，日本的著作權在著作權人過世後七十年自動消失（台灣是五十年）。保護期滿的著作物會自動成為「公共財（public domain）」屬公共所有，任何人都能在合理範圍內任意使用。

目前世界各地都有人為了公共利益，將這類作品數位化並放上網路，方便所有人搜尋閱覽。

▲全世界都有類似計畫，包括美國的「古騰堡計畫」、日本的「青空文庫」等。

書籍串聯我們的未來

輕鬆獲得知識的便利時代

現在，當你想了解某件事物，只要在網路上搜尋就能夠立刻找到「答案」。甚至你可以對著智慧型手機，或是智慧音箱說話，它就能透過語音告訴你所有在網路上找得到的資訊。

這是在二十世紀之前，我們完全做不到的事。在過去的時代，想查詢一件事必須翻閱百科全書，尋找線索；若是想深入了解，就必須找到專門解釋該主題的書籍。

「宇宙完全大百科終端機」

▶看來只有到了22世紀才會出現什麼問題都能回答的東西。
引自〈宇宙完全大百科〉

在一般百姓不能看書的年代，想從書籍吸取知識是不可能的事情。想到這一點，如今我們可以輕鬆的獲取知識，可以說真的是很幸福美好的時代。

不過，仍然希望各位要注意一件事，網路上的資訊其實良莠不齊。有些資訊很正確，有些資訊則錯誤百出。雖說紙本書並非絕對正確，但至少是某位專家仔細研究並確認內容才寫在書裡，這是出版社出書的好處之一。

由於任何人都能撰寫並上傳網路資訊，光看文字很難辨別哪些是對的、哪些是錯的。若輕信錯誤資訊，後果難以想像。

研究重要的事物時，不要隨便找到一條資訊就結束，最好多搜尋幾個網站，或者是多看幾本書重複確認。這些經驗可以幫助你培養辨別正確與可疑資訊的能力。在未來的時代，判斷資訊的能力相當重要，建議各位一定要善用書籍。

「想了解陌生事物」的渴望讓我們與書連結在一起

誠如本書一開頭寫的，書是人們利用各種形式，將自己想說的話流傳給後代的媒介。即使媒介不同，例如石頭、木板、黏土、紙張或數位形式，對作者和中間人而言，「傳遞想說的話」是不變的。

話說回來，對讀者來說，閱讀方的觀點又是如何？人為什麼要看書？因為當我們從書中獲得新知識，會讓我們感到無比喜悅。當我們感到豁然開朗或想通某件事，內心一定會覺得很暢快。

人類是高智慧生物，但每個人一生累積的經驗或見聞有其極限。不過，我們可以透過閱讀，接觸別人的想法，了解專家花了好幾年才解開的謎題。當我們閱讀故事，還能想像自己就是書中角色，體驗對方的人生。人類之所以能將智慧化為可能，正是因為我們可以透過「書籍」與他人「共享」知識見解。將自己想說的話留下來、想了解更多知識的渴望，都藉由「書」這個媒介串聯在一起。

即使從未見過作者，任何人都能透過書籍吸收對方的知識。在此過程中，人類一天比一天進步，未來還會更加進步。

讓我們先將困難的事放在一邊，各位只要讀書，感受「吸收新知」的喜悅即可。各位一定能在不知不覺間加深知識，擁有更寬廣的想法。當你有一天也有想法要與其他人分享，不妨親筆寫下來，出版自己的書。你的努力也能成為未來的種子，幫助某個人增加自己的知識。

引自〈人類書皮〉

哆啦A夢知識大探索 14

書的誕生大百科

●漫畫／藤子・F・不二雄

●原書名／ドラえもん探究ワールド—— 本の歴史と未来

●日文版審訂／ Fujiko Pro、川井昌太郎、宇田川龍馬（日本印刷博物館學藝員）、日本書籍出版協會

●日文版構成・撰文／ Production Beiju　●日文版版面設計／ CRAPS

●日文版封面設計／有泉勝一（Timemachine）　●插圖／吉野恵美子、川名孝史

●日文版製作／酒井Kawori　●日文版編輯／渡邊朗典

●翻譯／游韻馨　●台灣版審訂／ 秦曼儀

【參考文獻、網站】

《現在童書暢銷的理由》（飯田一志著／筑摩書房）、《岩崎調查學習新書　漫畫的歷史》（MINAMOTO太郎著／岩崎書店）、《印刷博物誌》（凸版印刷株式會社　日本印刷博物館誌編纂委員會編）、《紙的活用建議 洋紙與用紙》（金兒宰著／光陽出版社）、《彩色圖解 印刷技術入門》（《印刷雜誌》編輯部編／印刷學會出版部）、《今天開始博學多聞系列　極為簡單紙之書》（小宮英俊著／日刊工業新聞社）、《出版營業手冊基礎篇　改訂二版》（岡部一郎著／出版MEDIA PAL）、《出版編輯技術上卷・下卷》（日本Editor School編／日本Editor School出版部）、《一起來調查！文字起源與書的歷史》（稻葉茂勝著、能勢仁審訂／Minerva書房）、《圖説　書的歷史》（樺山紘一編／河出書房新社）、《DTP印刷設計的基本》（柳田寛之編著／玄光社）、《設計入門教室「特別講義」》（坂本伸二著／SB Creative）、《圖書館的起源與變遷》（秋田喜代美審訂、KODOMO CLUB編／岩崎書店）、《新版 製書只要這些》（下村昭夫、荒瀬光治、大西壽男、高田信夫著／MEDIA PAL））、《製書匠人們》（Graphic社編輯部編／Graphic社）、《書的情報事典》（紀田順一郎審訂／出版news社）、《書的知識》（日本Editorial School編／日本Editorial School出版部）、《書的歷史（知識再發現雙書80）》（Bruno Blasselle著、荒俁宏審訂／創元社）、《書店圖鑑：體驗一日店員，揭開書店工作日常！》（今川由依著／楓書坊）、《賣書技術》（矢部潤子著／書之雜誌社）、《學習的基礎　書本世界大冒險》（NAKAMURAKUNIO著／NHK出版）、《依目的搜尋的字體範本》（Typography Books編輯部編／BNN新社）、《文字的歷史（知識再發現雙書01）》（Georges Jean著、矢島文夫審訂／創元社）、《山川　詳説世界史圖錄　第4版》（山川出版社）、《一本搞懂出版流通機制2021-22年版》（磯田肇著／MEDIA PAL）、《排版的基礎》（佐藤直樹+ASYL著／Graphic社）

參考網站：日本國立國會圖書館、kotobank、J-CAST、正倉院展、成蹊大學日本文學科、日本大百科全書（NIPPONICA）、日本圖書館協會、日本圖書碼管理中心、FutureLearn

發行人／王榮文

出版發行／遠流出版事業股份有限公司

地址：104005 台北市中山北路一段 11 號 13 樓

電話：(02)2571-0297　傳真：(02)2571-0197　郵撥：0189456-1

著作權顧問／蕭雄淋律師

2024 年 8 月 1 日 初版一刷

定價／新台幣 350 元（缺頁或破損的書，請寄回更換）

ISBN 978-626-361-828-2

YLib 遠流博識網　http://www.ylib.com　E-mail:ylib@ylib.com

◎日本小學館正式授權台灣中文版

國家圖書館出版品預行編目資料(CIP)

書的誕生大百科 / 日本小學館編輯撰文；藤子・F・不二雄漫畫；游韻馨翻譯. -- 初版. -- 台北市：遠流出版事業股份有限公司, 2024.8
面；　公分. --（哆啦 A 夢知識大探索；14）

譯自：ドラえもん探究ワールド：本の歴史と未来
ISBN 978-626-361-828-2(平裝)

1.CST: 書史　2.CST: 印刷術　3.CST: 通俗作品

477　　113009773

●發行所／台灣小學館股份有限公司

●總經理／齋藤滿

●產品經理／黃馨瑝

●責任編輯／李宗幸

●美術編輯／蘇彩金

DORAEMON TANKYU WORLD
—HON NO REKISHI TO MIRAI—
by FUJIKO F FUJIO

※ 本書為 2022 年日本小學館出版的《本の歴史と未来》台灣中文版，在台灣經重新審閱、編輯後發行，因此少部分內容與日文版不同，特此聲明。